Das kreative Drachen-Buch

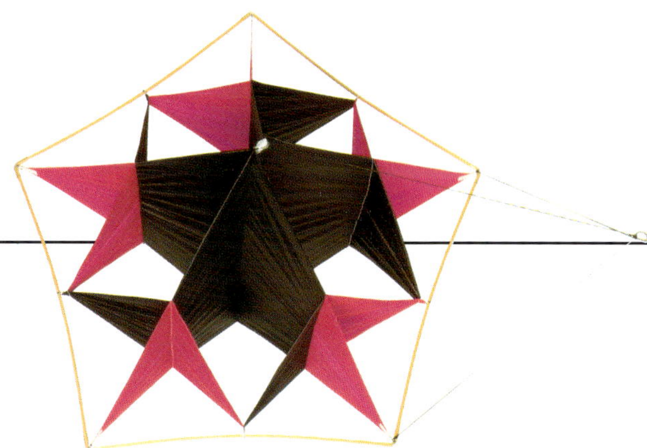

Das kreative Drachen-Buch

SARAH KENT

Nebel
RATGEBER

Herausgeber: Will Steeds
Design: Alison Jewell
Illustrationen: Ian Loats, Vanessa Good
Fotografien: APM Studios, Brighton
Herstellung: Neil Ranles, Ruth Arthur, Karen Staff
Farbreproduktion: HBM Print Pte., Ltd. Singapur

Titel der Originalausgabe: The creative Book of Kites
Übertragung aus dem Englischen: Herbert Klupp
Umschlaggestaltung: Martine Salvat
Lektorat: Anja Silvia Frank

5 4 3 2 1 97 98 99 00 01

Bildnachweis

Fotos werden mit Seitennummer und Position auf dieser Seite angegeben. Dabei entspricht (u) unten; (o) oben; (m) mitte; (ul) unten links, und so weiter.
Die Namen werden wie folgt abgekürzt:
Royal Aeronautical Society (RAS): The Sience Museum (SM); The Museum of Mankind (MOM); Mary Evans Picture Library (MEPL); Sarah Kent (SK); Nicholas Turpin (NT); Peter Powell (PP); Flexifoil International (FI); Max Nicholson (MN); Mark Cottrell (MC); Martin Lester (ML); Worlds Apart (WA); Jim Rowlands (JR); Andrew Beattie (AB).

6: SK; 10: NT; 12/13: RAS; 14 SM (o, u); 15: RAS (ur); 16: RAS (UR); 17: SM (om); 18: SM (ul); RAS (ur); 19: MEPL (ol, or, ul); 29: MEPL (ul); RAS (ur); 21: RAS (or, ur); 22: SM (ol); MEPL (ur); 23: RAS (ol); MEPL (ul, or); 24: PP (o); SK (ul); FI (ur); 25: MN (ur);32: MOM (ur); 34: MC (o,m,u); 37: SK; 41: SK; 42/43: ML(m); 43: WA (r); 45: JR (r); 46: FI (ol, u); 47: FI (ol,ur); 49: FI (l, ur); 92: SK (or); 95: SK (or); 100: WA (r); 120: AB (ul); SK (m, or, mr, ur); 121: SK (ol, om, or, u).
Rückseite: RAS (ol); Art Directors Photo Library (Hintergrund).

Danksagungen

Der Autor dankt den folgenden Personen und Firmen für ihre Hilfe bei der Fertigstellung diese Buches: Mark Cottrell, The Kite Store Ltd., Paul Thody und Estelle Barton, Air Born Kites, Carl Robertshaw, Airkraft, Jeremy Boyce, Airkradt/High As A Kite, Felix Mottram, The Decorators, Tony Ferraro, In-4-Mation, Top Of The Line, Sport Kites, Revolution Enterprises Inc., und all den unten angeführten, die freundlicherweise mit Abbildungen und Fotos beitrugen

Weiterführende Literatur:

Wenn Sie mehr über Drachen und Drachenfliegen wissen wollen, sind folgende Bücher zu empfehlen:

Morgan, P. und H.: Das große Drachenbuch, o.O. 1993. Ravensburger Buchverlag Otto Maier GmbH.

Neuner, R.: Drachen, Spiele mit dem Wind, Leichtwindmodelle zum Nachbauen, Aarau / Schweiz 1994. AT-Verlag.

Inhalt

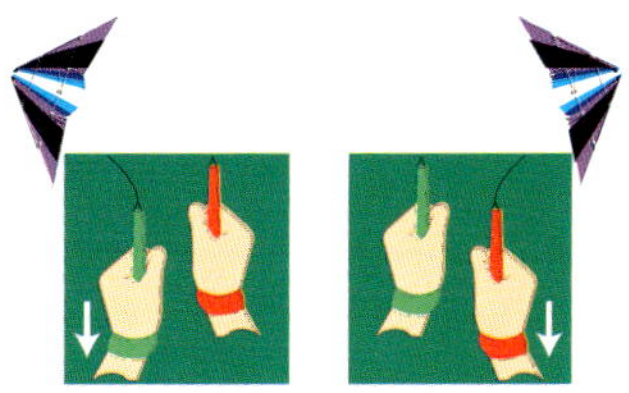

Rechts: Das Spitzensportler-Team des Jahres 1985 „Aircraft" (von links nach rechts): Jeremy Boyce, Nik Boothby, James und Carl Robertshaw bei der Präsentation einer Formation mit „Top-of-the-line" North Shore radical Drachen.

Einführung

Seit mehr als 2000 Jahren ist der Drachen ein internationales Symbol für ein Kindervergnügen; wobei er auch für viele von uns den Traum vom Fliegen stellvertretend erfüllt.

Durch ihre vielfältige Entwicklungsgeschichte hindurch, tauchten Drachen auf allen Kontinenten auf und entstanden in eben so vielen Gestalten wie es auch verschiedene Kulturen gibt. Seit das erste einfache, einem Vogel nachempfundene Flugspielzeug in China gebaut wurde, haben die Menschen die Drachenform stetig abgewandelt und so mit der Zeit eine wahre Fülle an seltsamen und wundervollen Flugobjekten hervorgebracht.

Die Technik des 20. Jahrhunderts hat diese Entwicklung letztendlich noch beschleunigt und folglich sind heute Drachen mit einer Flügelspannweite von Hunderten von Metern oder Yards möglich, sowie lenkbare Aerofoil-Drachen, die mit einer Geschwindigkeit von mehr als 160 km in der Stunde durch die Lüfte ziehen!

Unter Verwendung von neuartigen Materialien wie z. B. Spinnakernylon (Ripstop Nylon) und Kohlefaser, gelingt es den Piloten und Drachenkonstrukteuren ihre aerodynamischen Träume auch in die Tat umzusetzen. Einige dieser Phantasieprodukte verzieren bei den immer häufiger stattfindenden internationalen Drachenfestivals den Himmel, während andere die akrobatischen Fähigkeiten der Lenkdrachen-Piloten erweitern.

Das vorliegende Buch über Drachen bietet einen tiefen Einblick in ein Gebiet, in dem Kunst, Mythos und Symbolik auf Luft- und Raumfahrttechnik treffen. Diese Erforschung „gebändigter" Flügel bringt uns mit Drachenentwerfern, Amateur-Drachenfliegern und Profis zusammen, die sich ganz der Perfektionierung des Drachenflugs verschrieben haben, und bietet dem Leser zugleich auch einen leichten Einstieg in ein faszinierendes Hobby.

Eine kurze Entwicklungs-geschichte

Drachen haben sich in einem Zeitraum von schätzungsweise 2500 Jahren in ihrer reichhaltigen Formenvielfalt entwickeln können. Im Laufe der Jahrhunderte gelang es ihnen durch Entdeckung und Handel auf der ganzen Welt Verbreitung zu finden und ein vertrauter Gegenstand vieler verschiedener Kulturen zu werden. Diese kurze Entwicklungsgeschichte beginnt bei den Anfängen und erstreckt sich bis in die Gegenwart.

Einiges zur Geschichte

Seit jeher sehnte sich der Mensch danach einem Vogel gleich durch die Lüfte zu segeln; ein Traum, der sich bis ins Jahr 500 v. Chr. zurückverfolgen läßt. Wo und wann der erste Drachen im Wind flog, läßt sich nicht mehr genau nachweisen, es wird jedoch angenommen, daß die Chinesen mit einfachen, vogelförmigen Flugobjekten den Drachen „salonfähig" machten. Sicher ist, daß bereits 2000 Jahre bevor Isaac Newton das Gesetz der Gravitation entdeckte, die Erfindung von Drachen den Menschheitstraum, sich der Erdanziehung zu widersetzen, erfüllt hatte.

Obwohl die frühesten Zeugnisse über das Drachenfliegen aus dem Gebiet des Fernen Osten und Ägyptens zu stammen scheinen, tauchten Drachen überall entlang den historischen Handelsrouten auf.

Mythen und Legenden vom Drachen

Eine bekannte chinesische Legende erzählt von einem Reisbauern, dem eine Windböe seinen Hut vom Kopf fegte. Erstaunt über die Fähigkeit seines Hutes zu fliegen, fing er ihn wieder ein und band ihn an einen Bindfaden fest – damit war der erste Drachen gebaut. Einem frühen Bericht aus dem Jahre 500 v. Chr. zufolge, soll in China auch ein mit einem hölzernen Rahmen versehener vogelartiger Drache gebaut und sogar geflogen sein.

Wie dem auch sei, Drachenfliegen wurde in China ein von der breiten Masse geschätzter Zeitvertreib, der noch angeregt wurde durch einen alljährlichen Höhenflugwettbewerb. Nach dem chinesischen Kalender wird der Wettbewerb jeweils am neunten Tag des neunten Monats gefeiert, da angeblich an diesem Tag eine ganze Familie durch ihre Liebe zum Drachensteigenlassen einer Gefahr entronnen war. Am Vorabend dieses verhängnisvollen Tages hatte ein Vater geträumt, daß Unheil seine Familie heimsuchen werde. Der besonnene Mann brachte daraufhin, seine Frau und Kinder an einen sicheren Ort. Dort widmeten sie sich ihrem bevorzugten Zeitvertreib, dem Drachensteigenlassen, und verbrachten die Stunden glücklich, als wären es ihre letzten. Erst als sie sich in Sicherheit wähnten, kehrten sie zurück und fanden ihr Haus in Trümmern und ihren gesamten Besitz zerstört vor. Die unbewußte Beschäftigung mit dem Drachenfliegen hatte sie davor bewahrt, in den

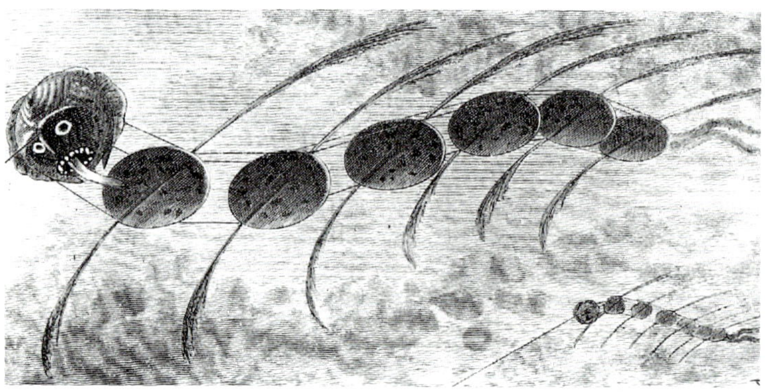

Oben: Ein chinesischer Centipede-Drachen (Tausendfüßler). Einige Exemplare sind aus mehreren hundert Scheiben zusammengesetzt.

Links: Ein Schwarm festlich geschmückter vogelähnlicher Drachen segelt in dieser orientalischen Szene hoch am Himmel.

Trümmern ihres Hauses zu sterben.
Immer beflügelt von der Phantasie haben die Drachen den Menschen zu unterschiedlichsten Anwendungsmöglichkeiten gebracht. Es wird erzählt, daß ein chinesischer General namens Han Hsin im Jahre 169 n. Chr. einen Drachen über die Mauern eines feindlichen Palastes fliegen ließ, und so anhand des abgerollten Seils die Entfernung abzuschätzen, die seine Truppen beim Bau eines Tunnels zu graben hätten, um ins feindliche Gebiet einzudringen.

Manntragende Drachen

Der Entdecker Marco Polo berichtete im Jahre 1282, daß chinesische Seeleute verängstigte Leute mit mächtigen Drachen vom Deck der Schiffe aus in die Luft zogen. Der Verlauf dieser Flugversuche wurde dann wie ein Orakelspruch für die bevorstehende Reise gedeutet. Auf frühen japanischen Drucken sind ebenfalls Zeugnisse solcher bemannter Drachenflüge dargestellt. Ein Beispiel zeigt den Sohn des Minamoto-no-Tametomo, einen erfinderischen Samuraikrieger, wie er festgebunden an das Seil eines gewaltigen rechteckigen Edo-Drachens aus seinem Exil entflogen ist.

Drachen in Japan

Es wird angenommen, daß buddhistische Missionare, während der T'ang Dynastie um 700 n. Chr., die ersten Drachen nach Japan mitbrachten. Diesen Drachen wurde anscheinend eine tiefgehende religiöse Bedeutung beigemessen, wie das auch in anderen Kulturen bis jetzt noch der Fall ist. Jahr für Jahr, immer am 5. Mai, läßt jeder japanische Haushalt, dem ein Sohn geboren wurde, einen karpfenförmigen Windsack fliegen. Diese Feier, unter dem Namen „Jungenfest" bekannt, bietet die Gelegenheit prachtvolle, handbemalte Drachen steigen zu lassen. Dies ähnelt einem Brauch in Korea, wo Drachen mit dem Namen und dem Geburtsdatum jedes männlichen Nachkommens beschriftet werden. Die Drachen werden an vollständig abgewickelten Leinen geflogen und losgelassen, damit sie frei im Wind dahinschweben können, und so auch die bösen Geister, die den Jungen in Zukunft beeinträchtigen könnten, mit sich forttragen.
Die Findigkeit der Japaner gab bald den Anstoß dazu, die fliegenden Drachen einem praktischen Nutzen unterzuordnen. So fungierten sie beim Bau von hohen Gebäuden als Lastenaufzug und brachten Materialien nach oben. Nahezu jede Religionsrichtung verfügt in Japan über eine eigenständige Gestaltung, eine der bekanntesten ist die Nagasaki Hata. Im Vergleich mit dem riesigen Edo-Drachen ist dieses Drachenmodell aber sehr klein, es mißt nur 30 cm^2 und wurde den indischen Kampfdrachen nachempfunden.

Links: Eine kleine Auswahl aus Tausenden von karpfenförmigen Windsäcken, die an Fahnenmasten am „Jungenfest" im Wind flattern.

Kämpfe am Himmel

Im Kontrast zu den eher himmlischen Fluganwendungen, erfordert der Drachenkampf eine besondere Geschicklichkeit. Das Ziel eines Kampfdrachens liegt darin, die gegnerische Drachenleine zu durchschneiden. Dazu bedarf es neben Geschicklichkeit auch einer beträchtlichen Anzahl an Glas- oder Porzellansplittern, die an der Leine festgeklebt wurden. Eine große Abart des japanischen Kampfdrachens stellt der sechsseitige Rokkaku dar. Dieses Modell wird bis heute noch bei luftigen Scharmützeln auf internationalen Wettkämpfen von einem Team in charakteristischer Tracht gekleidet geflogen. Der Drachenkampf erfreute sich ebenfalls in Malaysia, Korea und Polynesien, neben den religiösen Zeremonien, großer Beliebtheit als sportliche Alternative.

Drachen auf den pazifischen Inseln

Die polynesische Überlieferung berichtet von einem Wettkampf zwischen den Windgottheiten Rongo und Tane. Die rivalisierenden Brüder ließen ihre Drachen einst im kämpferischen Wettstreit fliegen, wirbelten sie hoch und tauchten mit ihnen wieder nach unten, als sich plötzlich der Schwanz von Tanes Drachen in den Zweigen eines Baumes verfing. Dies war das Ende für Tane und Rongo stand als Sieger fest.
In Malaysia ließ man Drachen steigen, um die Gottheiten, die über den Monsun herrschen, zu besänftigen. In geheimen Zeremonien wurden Hunderte von kleinen, aus Palmblättern gefertigten Drachen den Küstenwinden dargeboten, um die gewaltigen und oftmals sehr zerstörerischen Taifune zu bändigen.
In der südlichen Pazifikregion waren Drachen, über ihre Rolle in Religion und Wettkampf hinaus, lange Zeit ein wesentliches Hilfsmittel des Menschen zum Überleben. Jahrhundertelang war Fischfang der Haupterwerb auf den malaiischen und polynesischen Inselgruppen; den Drachen kam dabei die wesentliche Funktion zu, den Fang auf das Festland zu bringen. Diese zum Fischen verwendeten Drachen sind einfache Konstruktionen mit Segeln aus Blättern, die durch Bambusrahmen gestützt werden. Ihr Zweck liegt darin, eine Angelleine über das seichte, küstennahe Wasser hinauszutragen, ohne einen verräterischen Schatten zu werfen oder die Wasseroberfläche zu kräuseln.

Die Griechen

Obgleich es allgemein angenommen wird, daß Drachen ihren Ursprung im Fernen Osten haben, gibt es berechtigte Annahmen dazu, daß die antiken Griechen unabhängig davon das Fliegen erforschten. Eine aus dem 4. Jahrhundert v. Chr. überlieferte Quelle beschreibt ein Flugobjekt, das als „Taube von Tarent“ bekannt wurde. Hierbei handelte es sich um eine Erfindung des Naturforschers Archytas, die wie, der Name schon andeutet, abgeleitet von der Beobachtung des Vogelflugs war.
Sogar in der griechischen Mythologie gibt es einen Hinweis darauf, daß Ikarus mit Hilfe einer Art Drachen aufgestiegen ist.

Unten: Die Szene stellt den fehlgeschlagenen Versuch des Ikarus dar, mit Flügeln aus Wachs und Federn zu fliegen.

Ein ägyptisches Zeugnis

Mythen geben häufig Anlaß zu Spekulationen um den innewohnenden Wahrheitsgehalt. Das Elephantine-Papyrus, das um 500 v. Chr. in Ägypten angefertigt wurde, berichtet in Hieroglyphen über einen legendären Palast in den Wolken. Die benötigten Baumaterialien sollen von Adlern hochgezogen worden sein – ein an sich schon unwahrscheinliches Ereignis, aber Nachforschungen förderten einige bemerkenswerte Interpretationen zutage.

Archäologen fanden heraus, daß die Abbildungen auf der Elephantine-Papyrusrolle Ähnlichkeit zeigten mit wesentlich älteren Steinritzungen, die ebenfalls in Ägypten gefunden wurden. Diese steinernen Abbildungen stellen eine Gruppe von Menschen dar, die am Boden stehend Leinen festhalten.

Die Frage, ob sie bereits die Zugkraft von großen Drachen als Lastenaufzug für Materialien nutzten, drängt sich geradezu auf. Nach allem, was wir wissen, kam diese Methode während eines späteren Zeitalters in Japan zum Einsatz. Die auf dem Papyrus erwähnten Adler lassen sich möglicherweise in dem Sinne deuten, daß sich der Verfasser, der mit dem Konzept des Drachens nicht vertraut war, ein wenig seiner dichterischen Freiheit bediente. Ein weiteres Zeugnis für das frühe ägyptische Interesse am Fliegen kann in den Archiven des Museums in Kairo gefunden werden. Bei dem in Frage kommenden Gegenstand handelt es sich um ein in hohem Maße stilisiertes Lehmmodell eines Vogels, das auf das Jahr 200 n. Chr. zurückdatiert wurde.

Links: Ein Druck aus dem 17. Jahrhundert bildet den berüchtigten „Feurigen Enterich" ab.

Vogel-Darstellungen waren zwar in der ägyptischen Kunst dieser Ära an sich nichts Außergewöhnliches, aber der Künstler des charakteristischen Werkes besaß grundlegende aerodynamische Kenntnisse. Beim flüchtigen Blick könnte dieser Vogel durchaus für das Modell eines Gleiters aus dem 20. Jahrhundert durchgehen.

Die Nutzung bei den Römern

Während des 1. Jahrhunderts n. Chr. führten die Römer hohle, windsackartige Flaggen ein, denen sie den Namen „draci" gaben – der lateinische Begriff für Drachen. Wahrscheinlich waren die dracii den Römern während einer Eroberung im Nahen Osten als Beute in die Hände gefallen und erhielten ihren Namen aufgrund ihrer furchterregenden Verzierung. Dracii eigneten sich nicht nur als Kriegsflaggen, vielmehr verschafften sie den römischen Bogenschützen einen Vorteil gegenüber den feindlichen Truppen, da sie die Windrichtung anzeigten. Wie eine illustrierte Handschrift aus dem 14. Jahrhundert belegt, entwickelten sich diese Windsäcke langsam weiter und, indem sie die unterstützenden Masten zurückließen, wurden sie zu Drachen.

Die Entwicklung in Europa

Im frühen 17. Jahrhundert erfreute sich der einfache Diamant-Drachen in Europa großer Beliebtheit. Dies war der direkte Nachfolger eines lange Zeit in Malaysia geschätzten Typs. Dieses Drachenmodell hat sich bis heute halten können und ist überdies bekannt geworden durch das Kinderbuch „Pu der Bär" („Winnie The Poo") von Alan Alexander Milne. Unsterblichkeit erlangte der Drache auch dadurch, daß er Mary Poppins über die Dächer schweben ließ. Die Drachen eroberten Europa über die Seidenstraße aus dem Orient, um sich zu einem fest eingeführten Kulturgut zu mausern.

Das vielleicht gefährlichste Spielzeug des 17. Jahrhunderts war der sog. „Feurige Enterich“, der eine mit Schießpulver gefüllte Vorrichtung besaß, die sich beim Hochsteigen von selbst entzündete. Das Ergebnis waren schnelle senkrechte Knallersalven, die von einem abschließenden Aufblitzen begleitet wurden, bevor der ganze Drachen in Flammen aufging. Solch eine Szene wurde von John Bates, einem Schriftsteller, prächtig wiedergegeben, der im Jahre 1634 eine Bauanleitung beschrieb: Zuerst tränke man Leinenstoff in Leinöl und Schellack, dannach stelle man einen Drachenschwanz aus Papierfetzen und Knallfröschen her. Um das Ganze noch ehrfurchtgebietender zu gestalten, kann das Segel zusätzlich mit Pech und Schwefel sowie Wachs bestrichen werden – so wird sich die feurige Botschaft dramatisch entladen.

Wissenschaftliche Hilfen

In der Mitte des 18. Jahrhunderts, als die Wissenschaftler himmelwärts blickten, begann man Drachen zur Erforschung atmosphärischer Erscheinungen einzusetzen. Das erste aufgezeichnete Experiment wurde von einem Schotten namens Alexander Wilson durchgeführt. Im Jahre 1749 zog er auf geniale Weise Nutzen aus dem Drachen, indem er in unterschiedlichen Abständen hintereinander verknüpfte Thermometern bis auf 900 m hochziehen ließ, um so in unterschiedlichen Höhen die Lufttemperatur zu messen. Drei Jahre später, 1752, befestigte Benjamin Franklin einen Metallschlüssel an der Drachenleine und ließ ihn während eines Gewitters steigen – ein recht lebensgefährliches Unternehmen –, um dadurch den Blitz als eine sichtbare elektrische Entladung nachzuweisen.

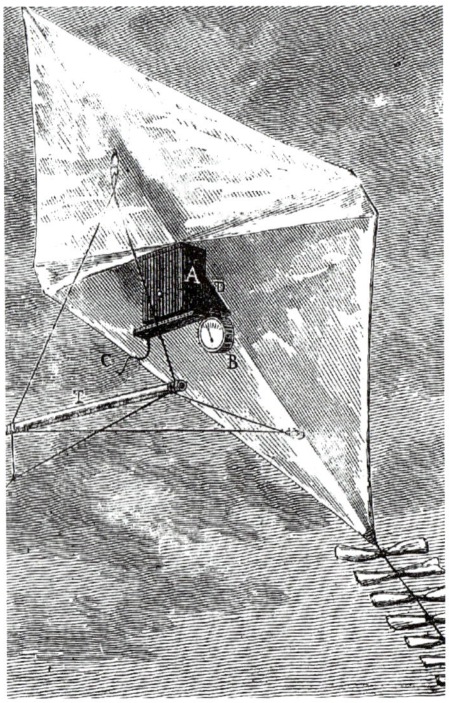

Beförderung

Die Suche nach einem sich in der Luft befindlichen Antriebsmittel sollte später zur fanatischen Idee von George Pocock werden. Im Jahre 1826 ließ sich Pocock seine bahnbrechende Erfindung, das sog. „Char Volant“ patentieren; dabei handelte es sich um eine Kutsche, die von einer Reihe halbrunder

Links: Seit 1870 wurden Drachen dazu genutzt, Kameras für Aufnahmen aus der Luft nach oben zu bringen.

Rechts: George Pococks „Char Volant“ befuhr englische Landstraßen einzig durch die Zugkraft halbrunder Drachen.

Drachen gezogen wurde. Dieser Vorläufer des modernen dreirädrigen Drachenbuggys konnte vier Passagiere bei einer Geschwindigkeit von 32 km in der Stunde befördern. Obwohl das „Char Volant“ in seiner Bewegung von der Windstärke und -richtung eingeschränkt wurde, ließ es sich mittels zweier oder mehrerer, an den Drachen befestigter Kontrolleinen lenken. Pocock hat nicht nur die durch Drachen getriebene Beförderung ins Rollen gebracht, sondern legte auch den Grundstein für die Entwicklung einer späteren Generation von Kunstsport-Drachen. In den 80ern des 20. Jahrhundert verbesserte Peter Lynn diese Art des Antriebs durch die Erfindung eines kombinierten lenkbaren Aerofoil-Drachens mit einem Buggy.

Oben links: Alexander Graham Bell mit einem Modell seines tetraedischen Drachens.

Oben: Bells tetraedischer Drachen konnte zu unterschiedlichen Formen zusammengesetzt werden, dadurch wurden verschiedene Flugeigenschaften erreicht.

Links: Der französische Entwerfer Maillot dachte sich eine Art Hebevorrichtung aus, die der von Baden-Powell (siehe Seite 20) ähnelte. Diese Abbildung illustriert das Hochziehen einer schweren Last während eines Flugtests.

Hinein ins 20. Jahrhundert

Der Beginn des 20. Jahrhunderts stand im Zeichen der Wiederentdeckung von Drachenentwürfen und Technik, da beide die Grundlage wurden auf der sich das frühe Flugwesen stützte. Einer der Pioniere der bemannten Drachen war B. F. S. Baden-Powell, der Bruder des Gründers der Pfadfinder-Bewegung. Baden-Powell war ein Offizier der Scot Guards und während seiner militärischen Karriere entwickelte er einen Drachen, der sich für Aufklärungsflüge in geringer Höhe eignete. Bei diesem sog. „Levitor“ (der Schwebende) handelte es sich um eine Abwandlung des japanischen Rokkaku.
Mit einem mächtigen Segel von 11 m Spannweite konnte er einen Mann hoch genug bringen, um über die feindlichen Linien zu sehen. Der Levitor erwarb sich seinen Platz allerdings in friedlicher Mission, als er im Jahre 1901 von Marconi dazu benutzt wurde, einen drahtlosen

Oben: Eifrige Flieger versuchen, einen Swimmingpool zu überfliegen.

Oben: Eines von Baden-Powells Modellen wird in Startposition gebracht.

Funkempfänger in eine Höhe von 122 m zu ziehen. Das Ergebnis war die erste Transatlantik-Nachrichtenübermittlung.
Einer der gewieftesten Köpfe im modernen Flugwesen war Lawrence Hargrave, der Ideen entwickelte, die auf einem einfachen zweizelligen Kastendrachen beruhen. Hargrave studierte verschiedene Flügelformen und führte die gewölbten Aerofoils in seine Entwürfe ein. Seine Kastendrachen, die wegen ihrer Stabilität berühmt waren, wurden eingesetzt zur Wetterbeobachtung. Die gleiche innewohnende Stabilität machte Hargravs Drachen geeignet zum Hochziehen eines Menschen und für diesen Zweck entwickelte er breitere, rechtwinklige Kastenflügel, die an Doppeldecker erinnern.

Oben: Lawrence Hargrave und James Swaine während der Vorbereitung zu einem Experiment, das die Zugkraft eines bemannten Drachens ermitteln soll.

Unten: Hargrave abgebildet zusammen mit einer dreizelligen Form eines rechtwinkligen Kastendrachens.

Cody – der Bahnbrecher

Der verwegenste Pionier des vom Drachen nach oben gezogenen Menschen war Samuel Franklin Cody. Als ein gebürtiger Texaner, zog Cody 1890 nach England. Bald beschäftigte ihn die Suche nach bemannten Flugmöglichkeiten. Codys erster Drachen war eine Spielart von Hargraves Kasten-Entwürfen mit der Hinzufügung eines breiten bogenförmiger Flügelpaars, die sich nach außen streckten, vom Drachenhauptkörper weg. Er meldete für diesen Entwurf 1901 ein Patent an. Noch im gleichen Jahr führte er dieses dem Kriegsamt vor, das den militärischen Nutzen der Möglichkeit, Menschen in die Luft zu heben, sofort erkannte.

Die verfügbaren Mittel zur Abschätzung, wie weit der Feind entfernt sei, waren in der Zeit vor Anbruch des militärischen Flugwesens eher bescheiden. Aus diesem Grunde benötigte man ein einfacheres Aufklärungssystem und Cody schien hierfür der Mann der Stunde zu sein. Wurden sie miteinander gekoppelt, entwickelten Codys Drachen eine enorme Zugkraft und waren leicht in der Lage ihren Konstrukteur in eine Höhe von 244 m hochzuziehen.

Eine berühmte Episode schildert Codys Ärmelkanal-Durchquerung in einem kleinen Boot, das von seinen Drachen gezogen wurde. Kurz nachdem er diese Fahrt in Frankreich begann, geriet er in eine absolute Windflaute und erreichte völlig erschöpft, Dover erst nach 13 Stunden. Am 7. August 1913 endete Codys so gefeierte Flugkarriere abrupt, als er beim Testflugs mit seinem „Wasserflugzeug“ abstürzte und ums Leben kam. Aber die Legende lebt weiter und Codys Modelle sind bis heute sehr gefragt.

Links: Samuel Franklin Cody, einer der Drachen-Helden des 20. Jahrhunderts. Cody war ebenfalls ein begnadeter Flieger.

Unten: Durch seine extravaganten Demonstrationen von Waghalsigkeit, war Codys Name bald in aller Munde. Seines Drachenentwurfs wurde hier auf einer Zigarettenreklame feierlich gedacht.

Spätere Entwicklungen

Während des Zweiten Weltkriegs verfolgte der US Kommandant zur See, Paul Garber, die Idee, Drachen als Übungs-Zielscheiben einzusetzen. Um diesen Zweck zu erfüllen, entwarf er einen 2,1 m langen Diamant-Drachen mit einer doppelten Bespannung, die es möglich machte ihn in alle Himmelsrichtungen zu lenken. Bemalt mit den Umrissen eines feindlichen Flugzeugs wurde Garbers Drachen auch zum ultimativen Geschicklichkeitstest der Schützen. Im Jahre 1948 spielten Drachen erneut eine tragende Rolle in der Flugerkundung, als der amerikanische Ingenieur, Francis Rogallo, seinen flexiblen Delta-Drachen patentieren ließ, die Grundlage für Flugdrachen aller Art.

Oben: Ingenieure bereiten einen bemannten Cody-Drachen zum Erkundungsflug in geringer Höhe vor.

Rechts: Ein Kriegsschiff zieht eine Reihe von Codys manntragenden Drachen hinter sich her.

Links: Während eines Reservisten-Manövers der Royal Navy im Hafen von Portsmouth wird ein abgestürzter manntragender Drachen aus der stürmischen See geborgen.

Eine neue Generation

Als Domina Jalbert 1963 den Parafoil entwickelte, kam mit ihm eine komplett neue Drachenart auf. Beruhend auf der Form einer gebogenen Aerofoil Flügel-Form, war Jalberts Drachen durch seine Fähigkeit ohne ein starres Tragegerüst auszukommen und zu fliegen revolutionär. Nicht nur, daß es den Drachen selbst um vieles leichter und leistungsfähiger machte, es erleichterte auch die Aufbewahrung und den Transport. Parafoils können eine beträchtliche Nutzlast hochziehen und so verwundert es nicht, daß sie bei Archäologen, die Luftaufnahmen für Feldstudien von antiken Stätten benötigen, als erste Wahl gelten.

Anfang der 70er des 20. Jahrhunderts boomte das Drachendesign. Unter Verwendung der gesamten zur Verfügung stehenden, leichtgewichtigen Materialien, z. B. Spinnakernylon, Glasfiber und Kohlefaser, entstand eine neue Generation von Drachen. Unter diesen befanden sich der von Andrew Jones und Ray Merry entworfene Flexifoil-Power-Drachen, der Peter Powell Diamand-Stunter sowie der Swept-Wing- oder Delta-Stunter.

Natürlich ließ die Verbreitung von so vielen neuen Lenkdrachen eine internationale Konkurrenzschau anwachsen. Ohne jeden Zweifel ist der spektakulärste Wettkampf der synchronisierte Formationsflug zwischen Teams von drei bis mehreren Fliegern.

Unten: Drei miteinander gekoppelte Parafoils. Dieses klassische Design wurde seit seiner Erfindung in den 70ern des 20. Jahrhunderts kaum verändert und hält sich bis heute.

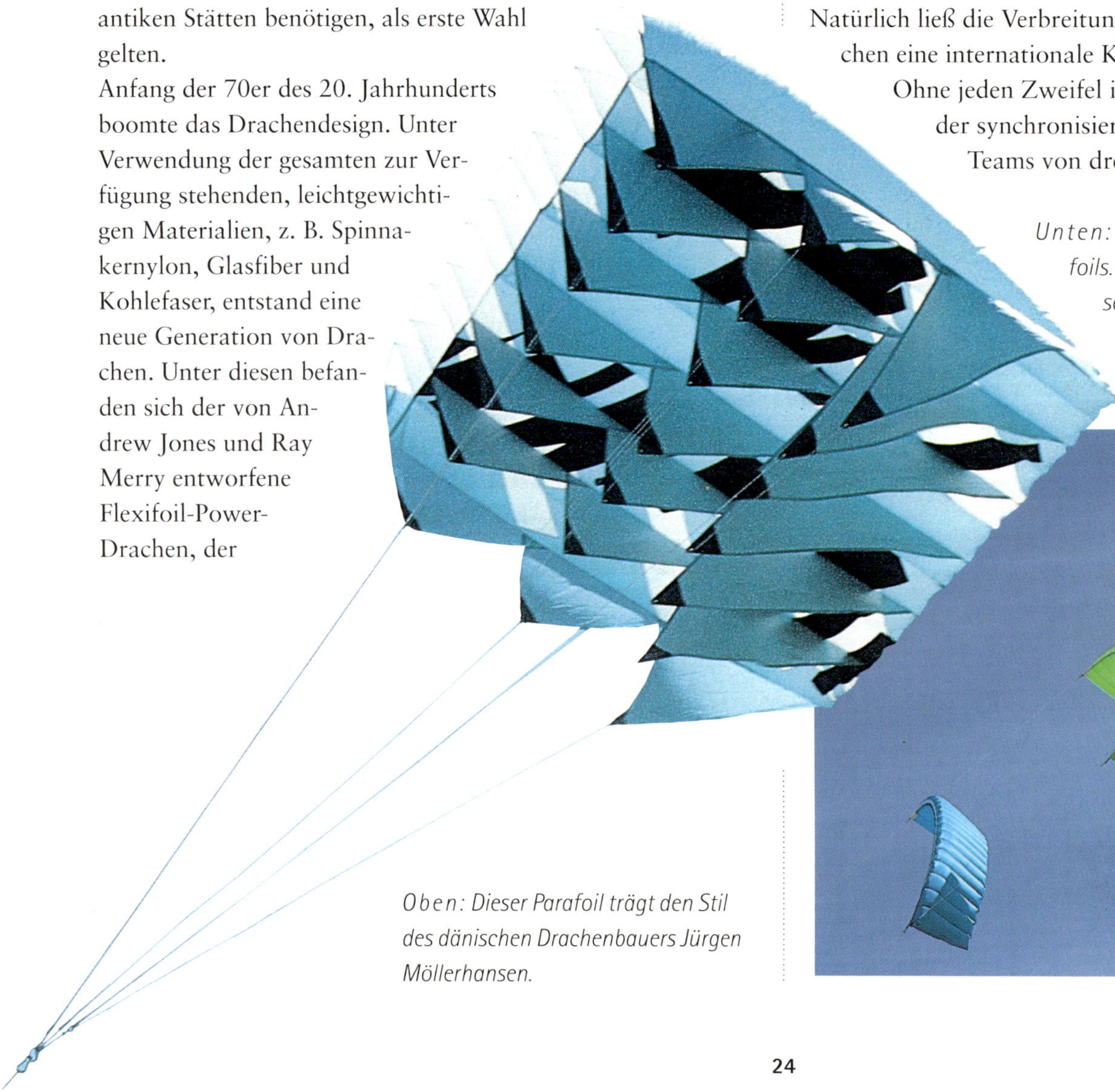

Oben: Dieser Parafoil trägt den Stil des dänischen Drachenbauers Jürgen Möllerhansen.

Seit 1990 erreicht diese Veranstaltung ihren Höhepunkt in den jährlich stattfindenden World Cup Sport Kite Championships, wo Spitzenpiloten aus allen Teilen der Welt um den ersten Preis kämpfen.

Während der 80er des 20. Jahrhunderts begann sich die Entwicklung des Swept-Wing-Sportdrachens zu beschleunigen. Vor kurzem gründeten die kalifornischen Drachenliebhaber Don und Pat Tabor „Top Of The Line", ein Herstellungsunternehmen für Sportdrachen mit Sitz in San Diego.
Einer ihrer ersten Entwürfe, der „Hawaiian Team Kite", flog mit solcher Anmut und Präzision, daß er Don Tabor dazu anregte, eine Drachen-Vorführgruppe ins Leben zu rufen. Unter dem Namen „Top-of-the-line" reiste diese Gruppe um die Welt und inspirierte Hunderte von Fliegern, ihrem Beispiel zu folgen. Der Choreograph des Teams, Ron Reich, konnte mit der Untermalung durch eine dramatische und stimmungsvolle Musik, eine komplexe visuelle Routine erreichen. Reichs einzigartiger choreographischer Stil umfaßt kaleidoskopartige Explosionen, präzise Übergänge zu geometrischen Formen und zarte Webmuster.
Ab den späten 80ern des 20. Jahrhunderts tauchten neue Gruppen auf der ganzen Welt auf mit Namen wie z. B. The Blitz, Chicago Fire, High Performance, The Ballet Tutus, Up Against The Wall und Flashback. Es gab auch Soloflieger mit auffallendem Talent, die sich in den letzten 10 Jahren einen Namen verdienten.
Mit all diesen Entwicklungen, verteilt über einen Zeitraum von Tausenden von Jahren, ist es klar, daß die Zukunft des Drachenfliegens und Entwerfens so grenzenlos wie die Phantasie und der Einfallsreichtum des Menschen selbst sind.

Links: Während den 70ern des 20. Jahrhunderts kombinierte der Diamond-Stunter von Peter Powell Tradition mit neuer Technik und eroberte die Drachenwelt im Sturm. Ausgerüstet mit einem harten Rahmen aus Glasfiber, widerstand er den rauhen Flugmanövern jedes Drachenflug-Anfängers.

Unten: Gegründet 1988, ist die Gruppe „The Decorators" eine der ältesten Drachenvorführ-Teams der Welt. Hier zu sehen, beim Fliegen von Revolutions, angepaßt von Jürgen Möllerhansen, – von links nach rechts – Jacob Twyford, Damon Meheux, Felix Mottram, Johnny Claffey, Romney Johnstone und Andy Preston.

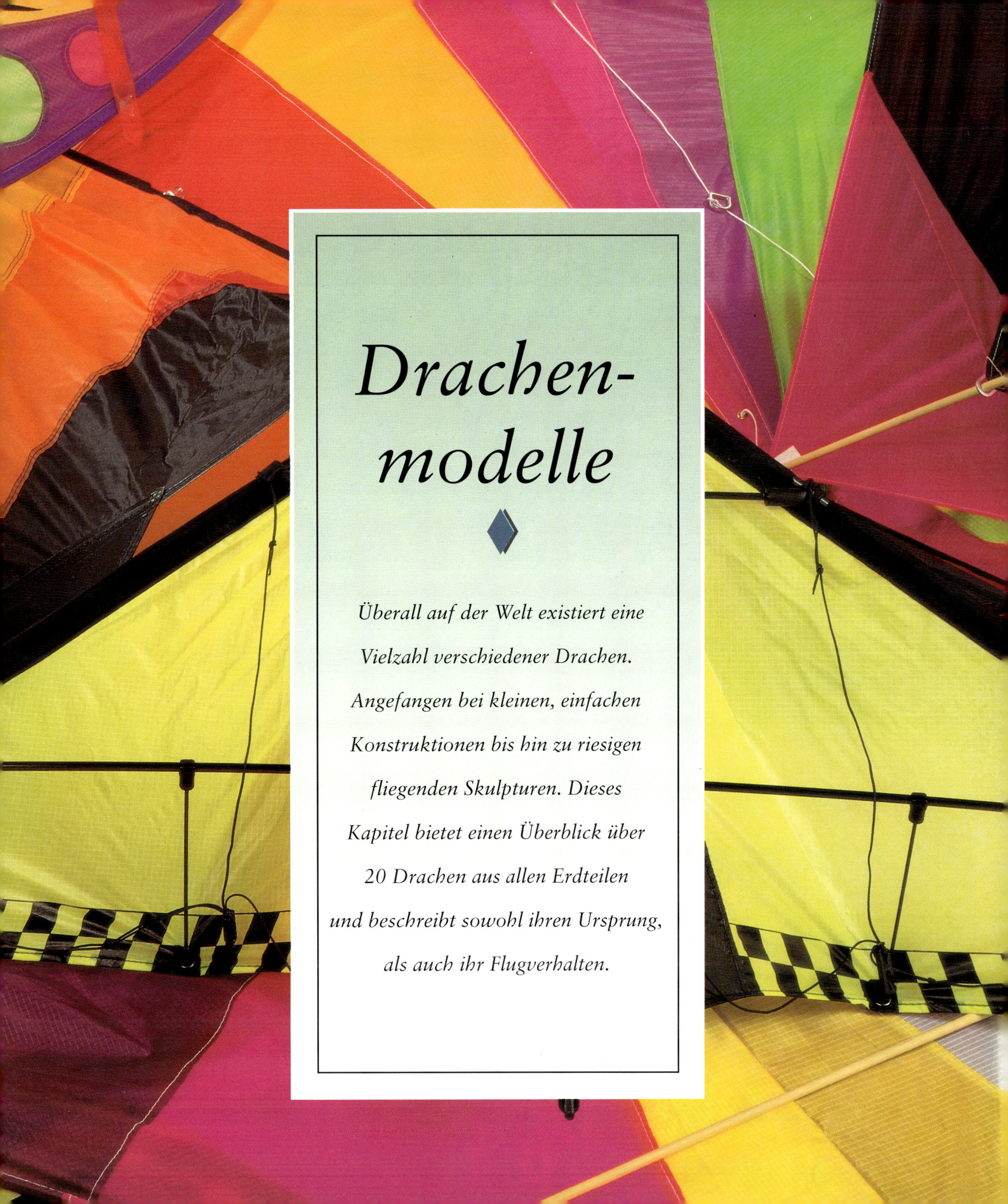

Drachen-modelle

Überall auf der Welt existiert eine Vielzahl verschiedener Drachen. Angefangen bei kleinen, einfachen Konstruktionen bis hin zu riesigen fliegenden Skulpturen. Dieses Kapitel bietet einen Überblick über 20 Drachen aus allen Erdteilen und beschreibt sowohl ihren Ursprung, als auch ihr Flugverhalten.

Die Anatomie eines Drachen

Die vier auf den Seiten 28-31 vorgestellten Drachen vereinigen die meisten der in diesem Kapitel beschriebenen Eigenschaften.

Der Swept-Wing-Sportdrachen

Dieser Typ des zweileinigen Lenkdrachens besteht aus einem leichten Kohlefasergerüst und einem Segel aus Ripstop-Nylon. Sportdrachen besitzen normalerweise eine Spannweite von 1-2,4 m.

Als Faustregel kann man sagen, daß umso weniger Wind benötigt wird, je größer der Drachen ist, wobei natürlich auch das Gewicht der Materialien mit einbezogen werden muß.

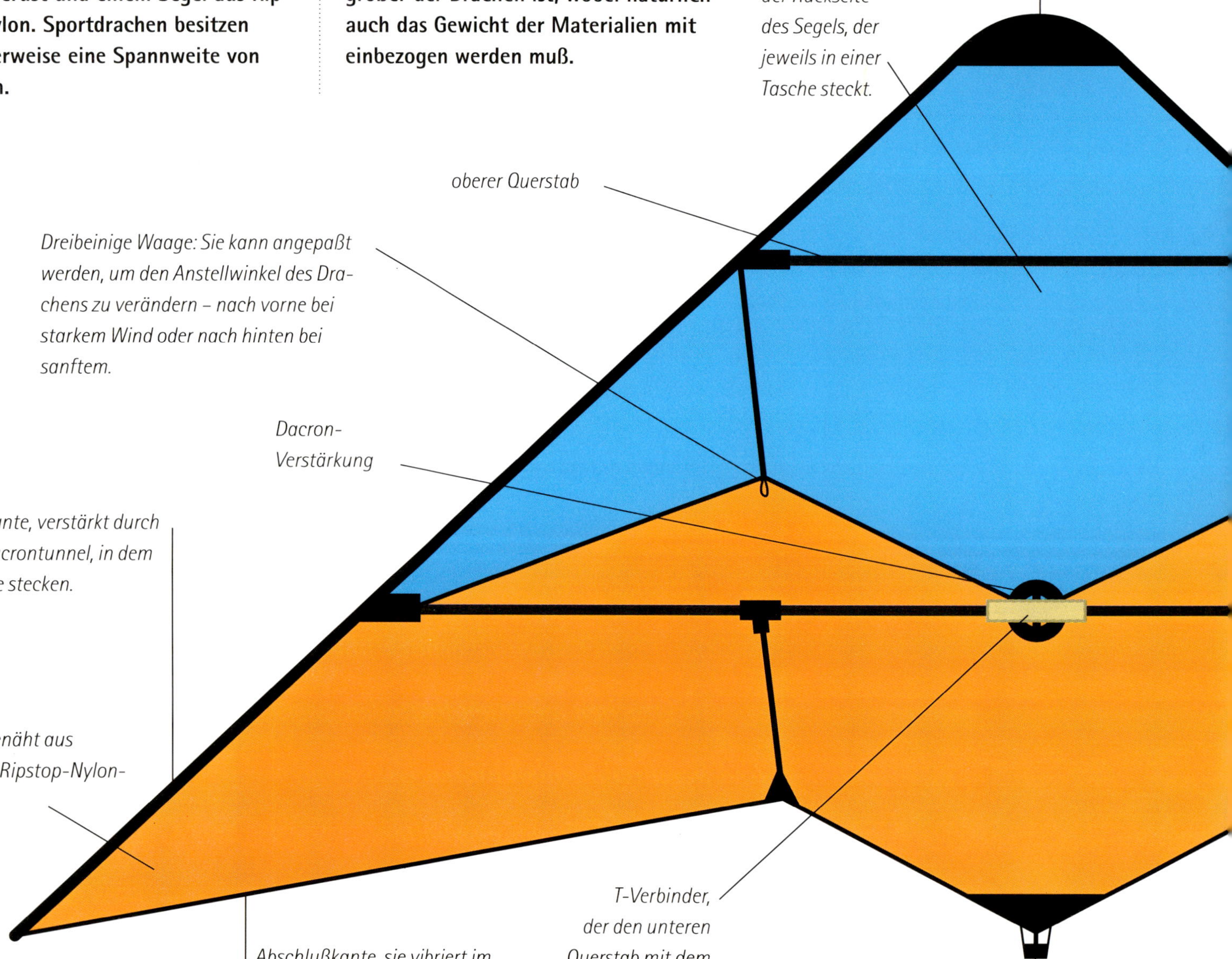

Der Pilot-Drachen

Auch bekannt als das „französische Signal" wegen seiner Ähnlichkeit zu wesentlich größeren Drachen, die von der französischen Marine für Rettungszwecke verwendet wurden. Der Pilot ist ein einfach konstruierter Kastendrachen mit dreieckigen Zellen. Zwei seitliche Flügel geben ihm zusätzlichen Auftrieb und Stabilität, die es ihm durch kleine Veränderungen an der Waage ermöglichen, bei leichtem, mittlerem oder starkem Wind zu fliegen.

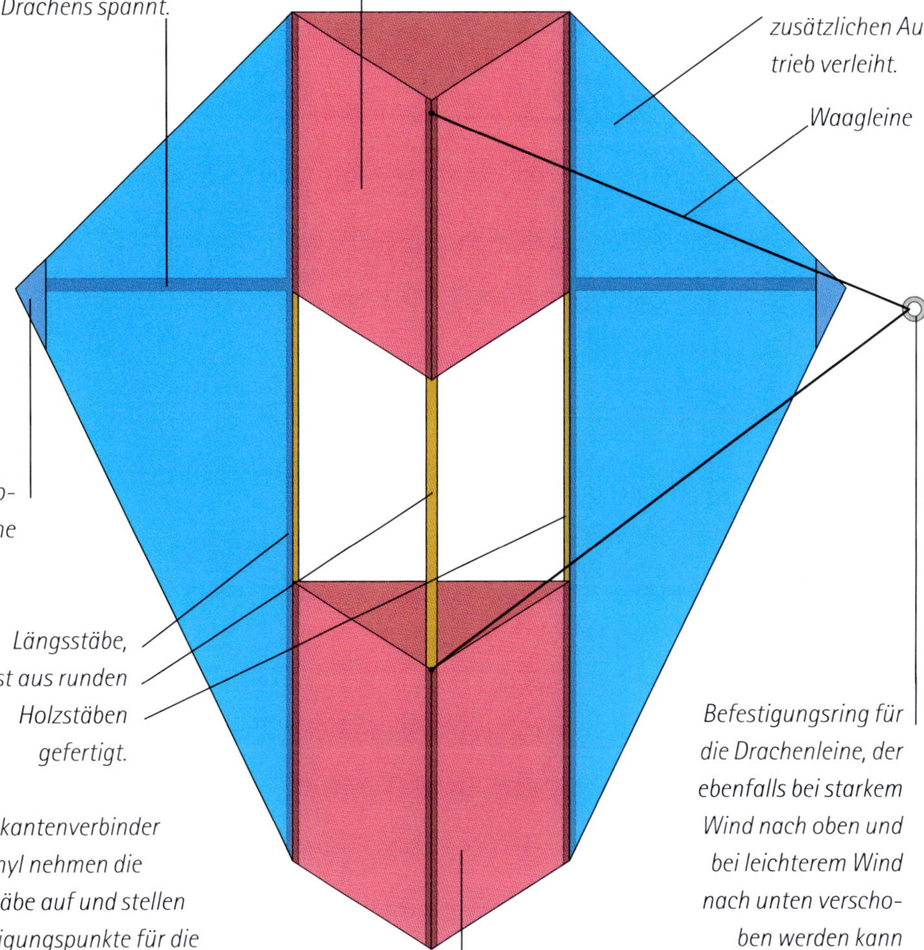

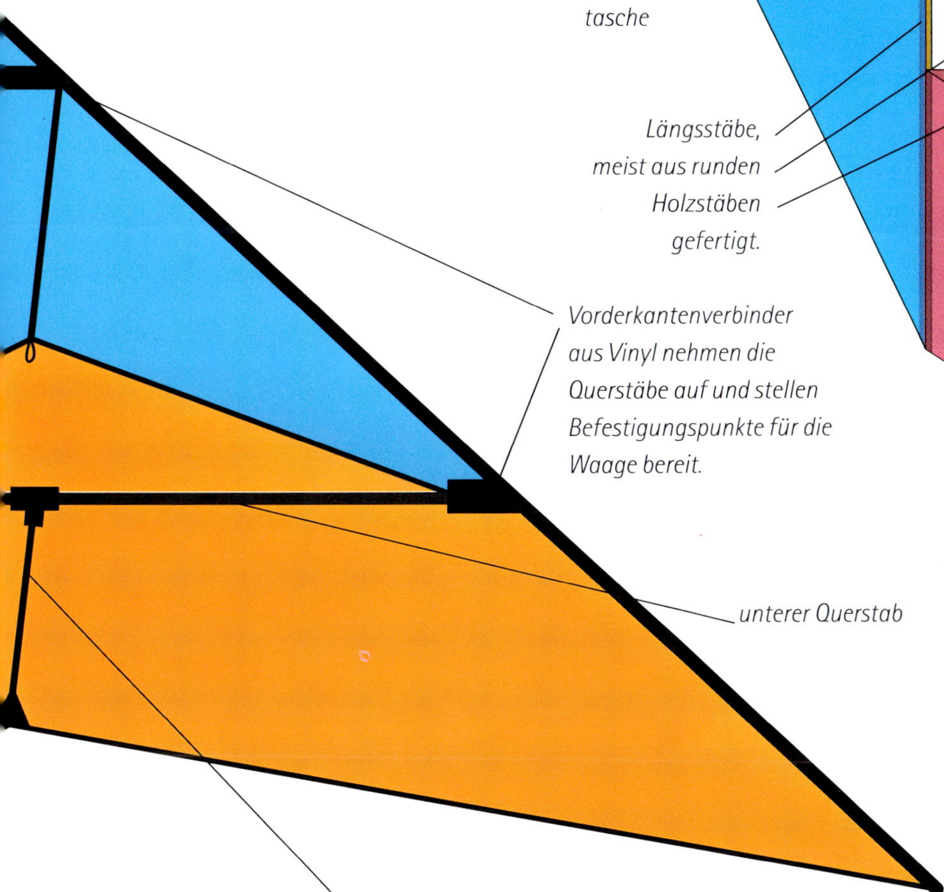

Der Malaiendrachen

Der bekannte, diamantförmige Malaie ist fast eine Ikone unter den Drachen. Obwohl es ihn bereits seit Jahrhunderten gibt, ist diese schlichte, elegante Form bei passionierten Drachenfliegern genauso beliebt wie bei Anfängern. Wie der Pilot-Drachen kann der Malaie auch bei verschiedenen Windstärken geflogen werden, wobei ein stärkerer Wind einen längeren oder schwereren Schwanz erfordern kann, um die Stabilität zu erhöhen. Falls Sie einen Malaien nachbauen wollen, folgen Sie den Anleitungen auf den Seiten 96-99.

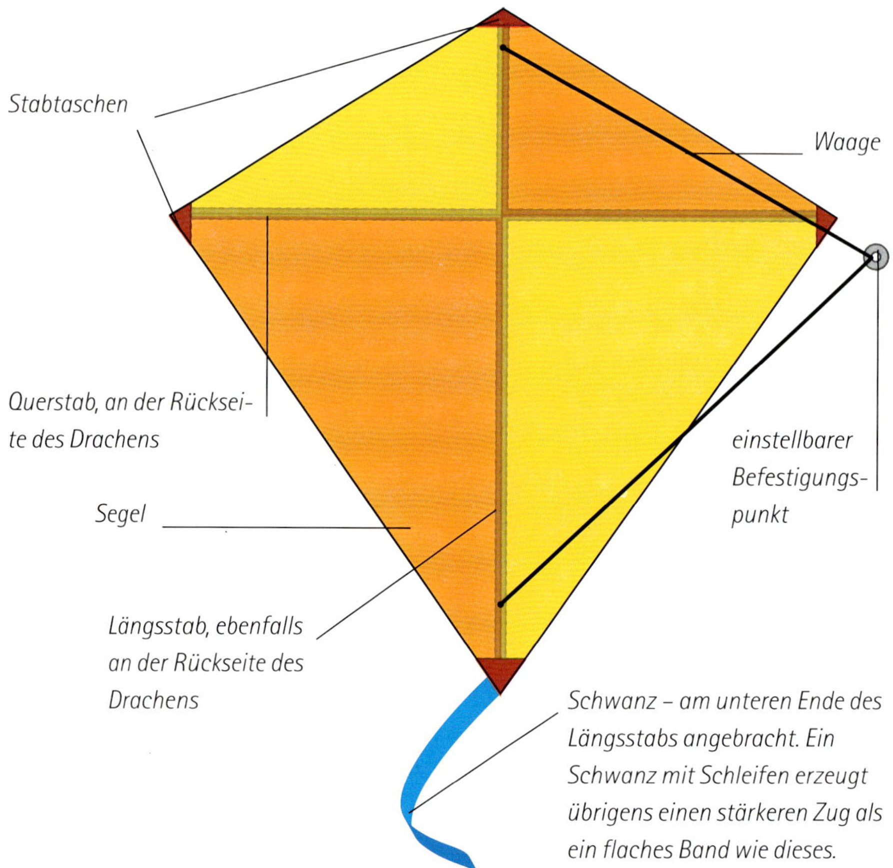

Anstellwinkel

Unter dem Anstellwinkel versteht man den Winkel, den die Front des Drachens zum Wind einnimmt. Dieser kann durch Verändern des Befestigungspunktes an der Waage exakt eingestellt werden.

Bei starkem Wind sollte der Befestigungspunkt nach oben verlegt werden, um die Nase des Drachens stärker im Wind zu halten, und so den Druck aufs Segel zu mindern. Diese Einstellung hilft dabei den Drachen zu stabilisieren und die Zugkraft zu verringern.
Bei leichtem Wind sollte dagegen der Befestigungspunkt an der Waage nach unten verschoben werden, damit die Front des Drachens mehr dem Wind zugeneigt ist. Um Stabilität zu erreichen sind nur geringe Änderungen notwendig.

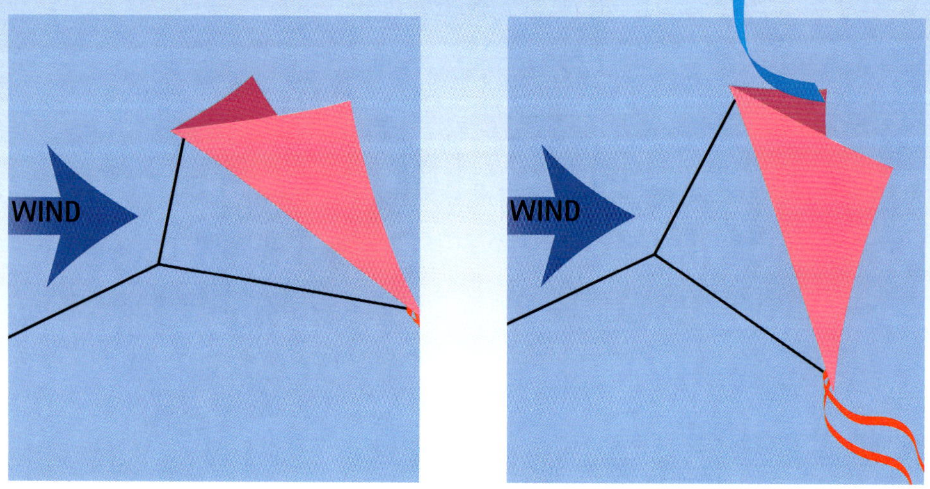

starker Wind *leichter Wind*

Der Parafoil

Dieser stablose Drachen, aus der Feder der Raumfahrt Ingenieurin Domina Jalbert, macht genialen Gebrauch vom Wind, um seine Form zu halten. Parafoils gibt es in vielen Größen, vom Handtaschenformat bis hin zu gigantischen Baldachinen, die in der Lage sind, eine ziemlich schwere Person von den Füßen zu ziehen. Der hier abgebildete Parafoil ist eine einfache Variante dieser Form. Einige der größten Drachen diesen Typs bestehen aus einer Vielzahl von Zellen und mehreren Kielen, vielen nachgebenden Waagen entsprechend.

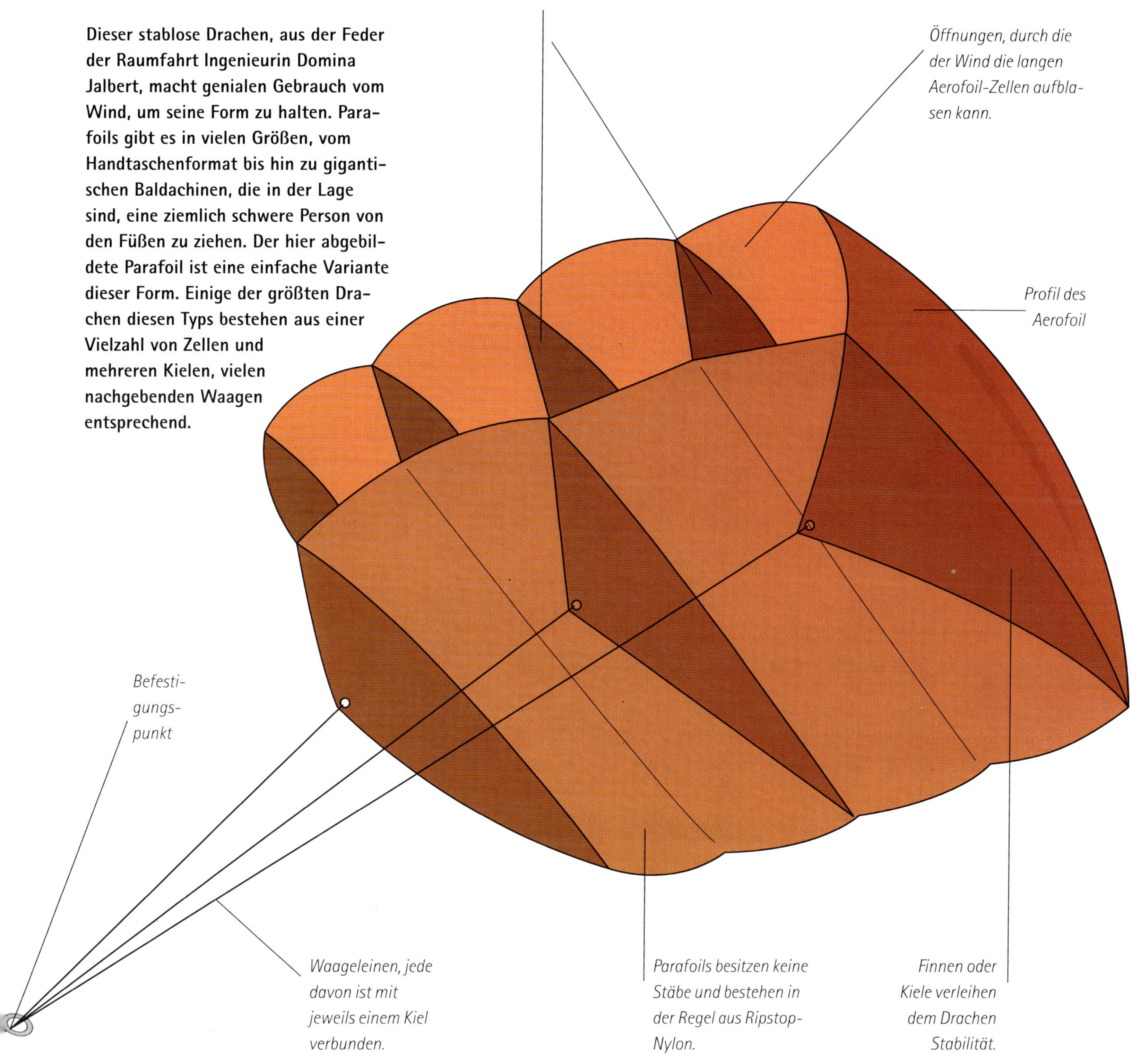

Drachenmodelle

Vier einzelne Flügel werden durch Löcher am Rumpf befestigt.

Dreidimensionaler Körper aus Papier, das auf einen Bambusrahmen gespannt und festgeklebt wurde.

Der chinesische Schmetterlingsdrachen

Der moderne Schmetterlingsdrachen von Tianjin, einer Stadt im Osten Chinas, besitzt vielleicht die größte Ähnlichkeit zu den ersten chinesischen Drachen, die vor etwa 2500 Jahren entstanden waren.

Bestehend aus Papier und Bambus ist dieser kunstvoll handbemalte Drachen eines der am meisten verwendeten Grundtypen, die heute noch in China hergestellt werden. Drachen aus Seide in der Form von Schmetterlingen, Vögeln und Tausendfüßlern sind sehr begehrt, aber außerhalb Chinas leider nur schwer zu finden. Nur wenige europäische Drachenläden verkaufen Drachen wie diesen.
China ist auch heute noch die Heimat einiger der besten Drachenbauer und beherbergt eines der größten und vielfältigsten Drachenfestivals – das Fest des Windes in Weifang.

Der Maori-Vogel

Schon lange fliegt dieser Vogel-Drachen über ganz Ozeanien.
Der hier abgebildete Drachen entstand im 19. Jahrhundert in Neuseeland und befindet sich heute im Archiv des Londoner Naturkunde-Museums. Er besteht aus einem hölzernen Rahmen und einem Segel, das aus den Blättern des Raupu-Weins gefertigt wurde. Verziert ist er mit Federn und Muschelstückchen. Da dieser Drachen einen männlichen Vogel versinnbildlicht, würde er normalerweise eine Rolle in Fruchtbarkeitsriten spielen. Ähnliche Drachen werden heute noch in Polynesien von Fischern verwendet, die sie als Markierungshilfe für ihre langen Fischerleinen nutzen.

Segel aus Blättern des Raupu-Weinstocks

Der balinesische Vogeldrachen

Die Insel Bali besitzt eine lange Tradition des Drachenfliegens. Ursprünglich aus Bambus und Seide bestehend wurden balinesische Vogeldrachen zu Symbolen von Schönheit, wenn sie in Scharen am Himmel segelten. In frühen Jahren steigerte der wachsende Tourismus massiv die Nachfrage nach diesen Drachen, so daß sie heute, obwohl noch handgefertigt, überwiegend aus Nylon bestehen.
In den 70er Jahren, als das Windsurfen im indonesischen Raum populärer wurde, fand sich auf einmal eine neue Quelle zum Drachenbauen. Dies war in der Form von an den Stränden weggeworfenen Surfsegeln, aus denen sich wunderschöne neue Drachenmodelle für den Touristenmarkt herstellen bzw. recyclen ließen.

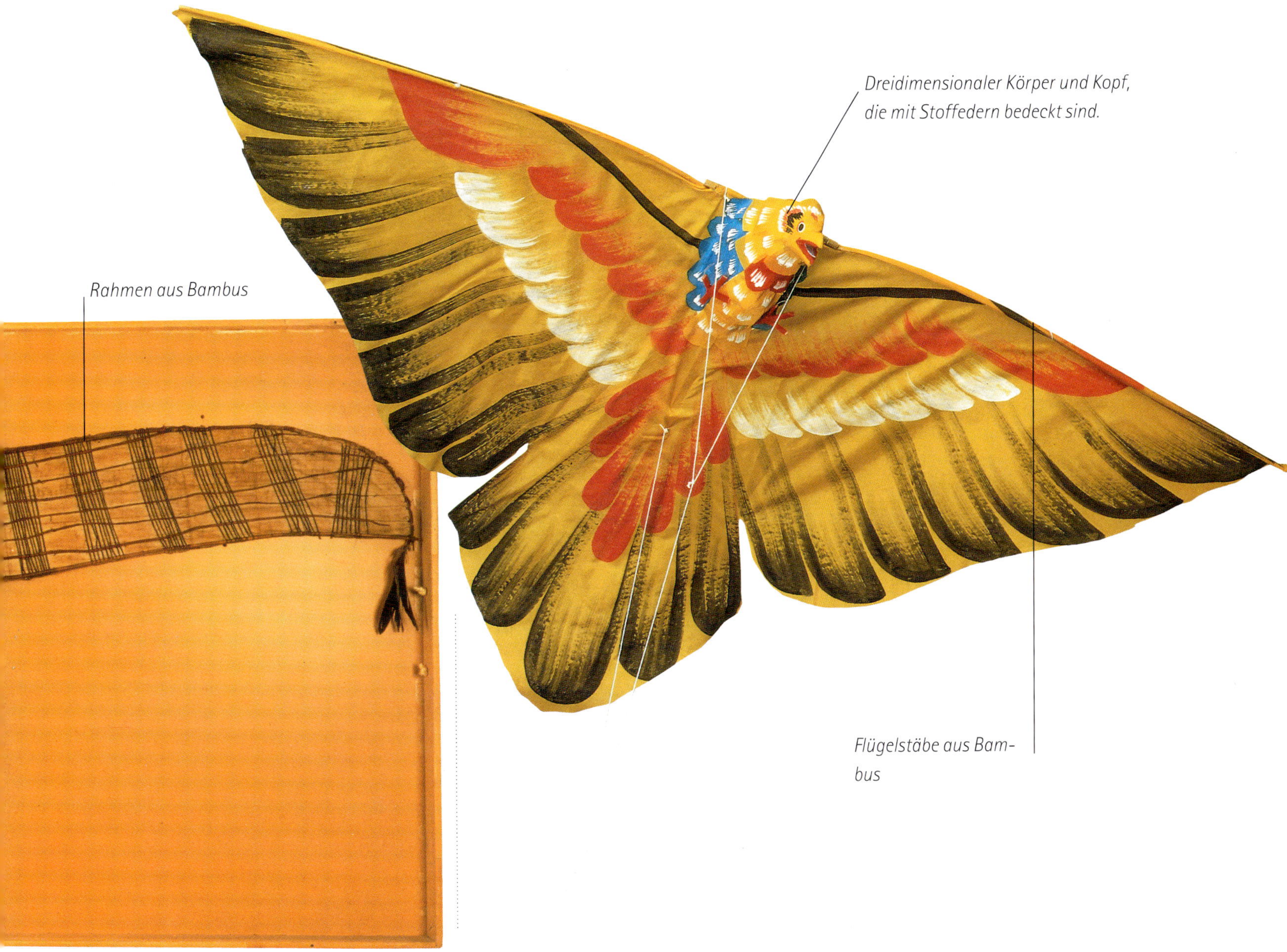

Der indische Kampfdrachen

Drachen sind ein wichtiger Bestandteil der indischen Kultur. Drachenkämpfe stehen weit oben in der Liste der Nationalsportarten und kleine Kampfdrachen wie dieser drängeln sich oft über indischen Städten. Oftmals werden Drachen vom Dach aus geflogen, was zu unangenehmen Zwischenfällen führen kann, wenn der Pilot plötzlich das Gleichgewicht verliert und auf die Straße hinunterstürzt.
Da sie aus Seidenpapier bestehen und wenig wiegen, gehören die indischen Kampfdrachen zu den leichtesten und beweglichsten Drachen überhaupt. Das Geheimnis ihrer Beweglichkeit beruht auf einem gebogenen Kreuz, das aus gespaltenem Bambus besteht und zu den Enden hin spitz zuläuft, um so die Flexibilität zu steigern. Der Effekt ist denkbar einfach: sobald Wind auf die Oberfläche des Drachens trifft, biegen sich die Enden durch den Druck nach hinten und bilden so einen Winkel, der den Drachen stabilisiert und in die Richtung fliegen läßt, in die seine Spitze zeigt. Wenn man schnell Leine abrollt, wird der Druck auf den Drachen vermindert, das Kreuz entspannt sich wieder und der Drachen wird instabil. Jetzt wird er beginnen, sich zu drehen und ein rechtzeitiges Anziehen der Leine führt dazu, daß der Drachen wieder in die Richtung fliegt, in die der Pilot ihn lenkt.
Vielleicht führte die Verbreitung über diesen riesigen Kontinent dazu, daß dieser geniale kleine Drachen auf der ganzen Welt bekannt wurde.

Der Sanjo Rokkaku

Diese Form des Kampfdrachens stammt aus Japan. Traditionelle Rokkakus bestehen aus Seidenpapier und sind mit ausdrucksstarken Darstellungen berühmter Personen aus der japanischen Geschichte verziert. Furchterregende Samurai-Krieger, mit schwungvollen Pinselstrichen gemalt, sind typische Verzierungen für diese Drachenart. Rokkaku-Kämpfe sind ein beliebter Bestandteil vieler Festivals, wo Teams geübter Drachenflieger in rasanten Flugmanövern versuchen die Leine des Gegners zu durchschneiden oder dessen Drachen ins Taumeln zu bringen. Der am längsten in der Luft bleibende Drachen ist der Gewinner. Aufgrund internationaler Bemühungen werden Rokkakus heutzutage ähnlich optimiert und behandelt wie Formel-1-Rennwägen. Segel aus Ripstop-Nylon sorgen für Durchhaltevermögen im Kampf und gut erkennbare Logos kennzeichen die Sponsoren und die Teamzugehörigkeit jedes Drachens.

einstellbare sechsbeinige Waage

Dieser zeitgenössische Rokkaku von Mick Jennison trägt das japanische Symbol des Kranichs.

Der Wau Bulan

Der Wau Bulan erhielt seinen Namen durch den tiefen, wiederhallenden Ton „wo-wo-wo", den er beim Fliegen erzeugt. Dieser Ton entsteht, wenn ein Band, das über einen am Rahmen befestigten Bambusbogen gespannt wird, in Schwingung gerät. In Malaysia, der Heimat des Wau Bulan, ist das Erzeugen von Tönen oft ein Kennzeichen von Drachen, da viele von ihnen auch bewußt mit Summern ausgestattet sind. Der hier abgebildete Drachen, war ursprünglich für religiöse Zwecke bestimmt. Sein Segel wurde mit einem traditionellen Blattmuster versehen. Einige der kunstvolleren Wau Bulan-Segel sind mit komplizierten Goldpapier-Kollagen verziert und mehr als 2 m hoch. Kleinere Drachen mit dieser unverwechselbaren Form, aus normalem Papier hergestellt, werden in ganz Malaysia geflogen.

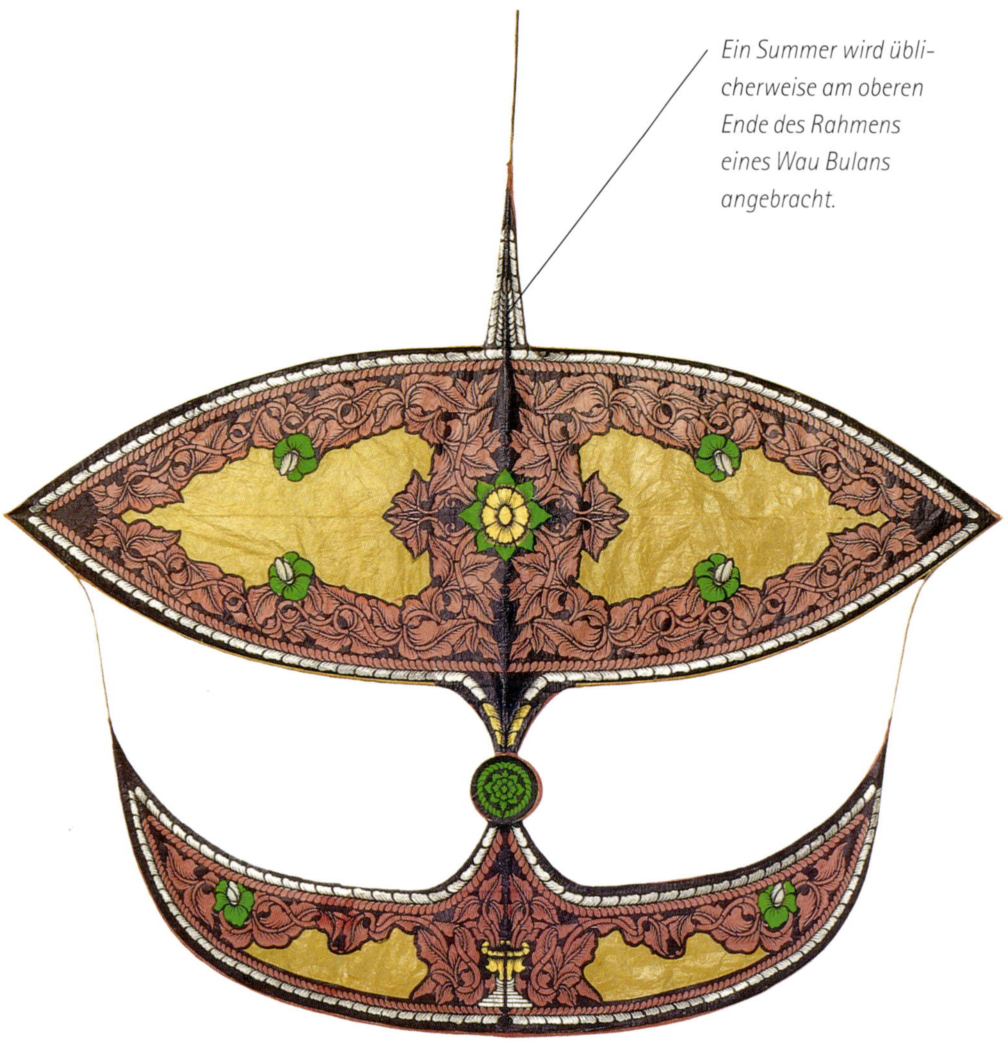

Ein Summer wird üblicherweise am oberen Ende des Rahmens eines Wau Bulans angebracht.

Der Barroletta

Dieser phantastische Drachen wurde in der Kultur der guatemalischen Indianer als Symbol der Sonne gesehen. Sein Rahmen ist eine wagenradähnliche Konstruktion aus Bambusstäben, die mit Zwirn zusammengehalten werden. Das Segel besteht aus vielen tausend kleiner zusammengeklebter Seidenpapierschnipsel. Solche Drachen werden im kleinen Bergdorf Sacatepequez in Santiago gebastelt, um am 1. November, dem Allerheiligentag, geflogen zu werden. Der Austragungsort des Festivals ist übrigens ein Friedhof, dessen Ruhe jedes Jahr aufs Neue gestört wird, wenn die Einheimischen ihre kunstvollen Modelle starten. Man glaubt nämlich, daß die Jahresernte vom erfolgreichen Flug dieser prophetischen Barrolettas abhängt. Aber egal, ob er fliegt oder nicht, am Ende des Tages wird jeder Drachen von seinem Rahmen befreit und verbrannt.
Niemand scheint genau zu wissen, worauf sich dieser Brauch gründet, obwohl die örtliche Folklore eine Vielzahl von Erklärungen anbietet. Eine erzählt von einem Dorfschamanen, der den Einheimischen erklärte, daß böse Geister vom Friedhof durch das Geräusch raschelnden Papiers über den Gräbern vertrieben werden könnten. Eine weitere deutet an, daß die Schwänze der Drachen Leitern symbolisieren, auf denen die Toten den Himmel erreichen können. Obwohl es glaubhaft erscheint, daß diese Drachen ihren Weg über spanische Handelsrouten durch die Karibik nach Guatemala fanden, müssen stichhaltige Beweise dafür erst noch gefunden werden.

Das Muster des Segels variiert, indem es oft historische Ereignisse oder Stammeskennzeichen symbolisiert.

Rahmen aus Bambus

Der Malaie

Dies ist eine Abart eines der ältesten und am besten bekannten Drachen. Diamant-Drachen wie dieser wurden in Europa bereits im frühen 17. Jahrhundert geflogen und erfreuen sich auch heute noch wegen ihrer unkomplizierten Handhabung großer Beliebtheit bei Anfängern. Die Stäbe eines Malaien bestehen üblicherweise aus Holz und das Segel, obwohl es früher aus Baumwolle gefertigt wurde, heute eher aus Ripstop-Nylon. Aufgrund des geringen Gewichts und der hohen Webdichte, die dafür sorgt, daß weniger Wind durch das Segel hindurchtritt, bestehen die Segel meistens aus Ripstop-Nylon. Malaien werden oft mit einem Schwanz bestückt, obwohl der Längsstab im Flug einen Kiel bildet, der dem gleichen Zweck dient.

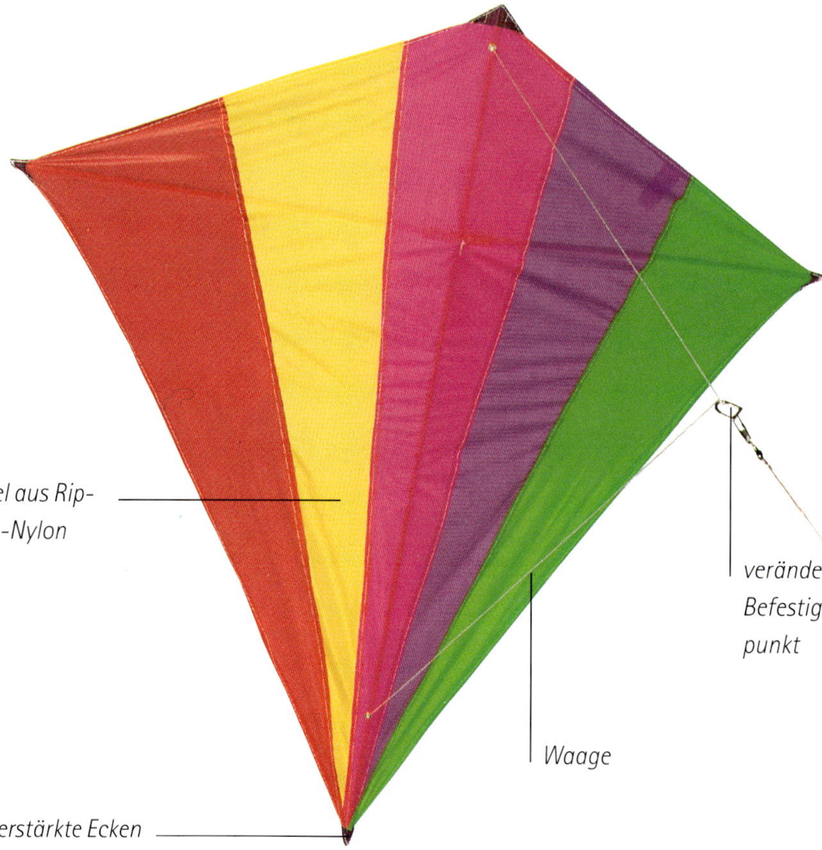

Der Pipa

Dieser kleine Papierdrachen gehört zu der Sorte, die brasilianische Kinder basteln und verkaufen, um sich die Zeit zu vertreiben oder ihr Taschengeld aufzubessern. Seine Flugstabilität kann durch Verändern der Schwanzlänge variiert werden. Ohne Schwanz neigt der Pipa dazu, von einer Seite zur anderen zu schwingen. Der Holzrahmen des Pipa wird mit Zwirn zusammengebunden, der aber auch um die äußeren Ecken der Stäbe gewunden wird, um ihm zusätzlich Stabilität zu verleihen und die Kanten des Segels zu verstärken. Das Segel aus Seidenpapier wird um diesen Zwirn geschlagen und verleimt. Jeder Drachen erhält zum Schluß noch einen Schwanz, der aus Papierresten gebastelt wird.

Die geflügelte Kiste

Kastendrachen werden oft mit stärkerem Wind in Verbindung gebracht, aber die Extraflügel dieses Exemplars geben ihm zusätzlichen Auftrieb, der es erlaubt, ihn bereits bei einer Windgeschwindigkeit von 13 km pro Stunde zu fliegen. Abgeleitet vom Hargrave Kastendrachen, findet dieser Drachentyp wegen seiner zuverlässigen Flugeigenschaften breiten Anklang.
Im Zweiten Weltkrieg spielten zweikammrige Kastendrachen eine bedeutende Rolle als Aufzug für Funkgeräte. Bekannt unter dem Namen „Gibson-Girls" waren diese grellgelben Drachen ein unverzichtbarer Bestandteil der Rettungsausrüstung jedes Seemanns zum Senden von SOS-Signalen.

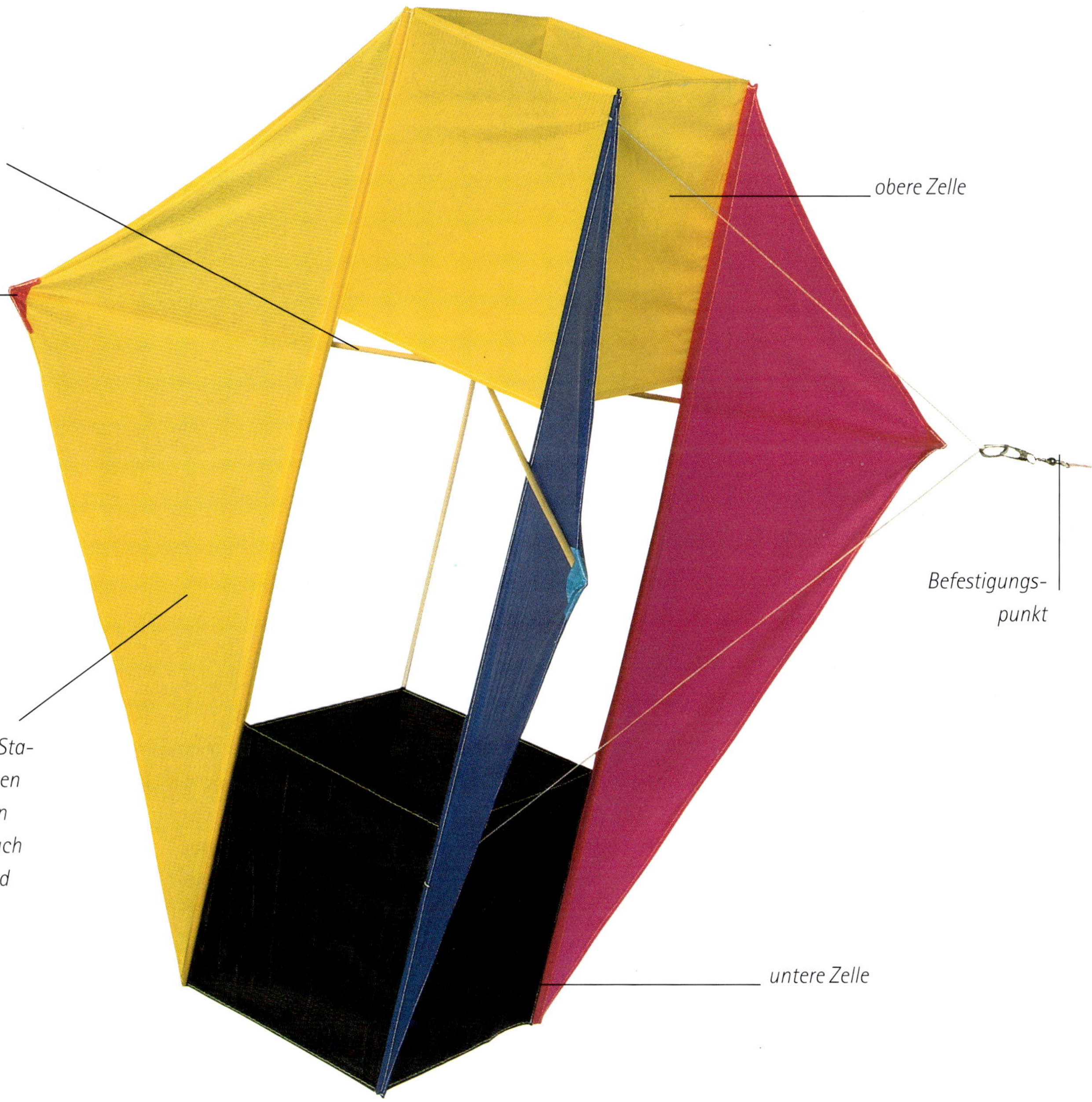

Der Schlitten

Diese einfache Drachenform wurde 1950 von W. M. Allison entwickelt, einem amerikanischen Designer. Da er keine Kreuzverstrebung hat, hängt es im Flug vom Wind ab, ob sich seine runde Form ganz ausbildet. Schlitten bevorzugen mittelstarken, gleichmäßigen Wind, aber ein zusätzlicher runder Schwanz verhindert ein Zusammenfallen, falls die Windstärke schwankt. Diese Drachen sind ideal für Workshops und Bastelarbeiten in der Schule, da sie einfach aus Bambusstäben, Plastikfolie und Klebestreifen nachzubauen sind. Einige Schlitten sind mit Fenstern ausgestattet, die nicht nur dekorativ sind, sondern in starkem Wind auch den Druck auf das Segel reduzieren.

Der Deltadrachen

Deltadrachen entwickelten sich aus dem flexiblen Flügel-Drachen von Francis Rogallo aus den 40er Jahren. Sie gehören zu den Drachentypen, die aufgrund ihres hohen Flugwinkels, auch in sehr leichtem Wind geflogen werden können. Wenn sie einmal gestartet sind, ist alles, was sie brauchen, um in der Luft zu bleiben, heiße aufsteigende Luft. Das Vorhandensein eines Kiels, an dem die Flugleine befestigt wird, sorgt dafür, daß der Drachen bei anderen Windgeschwindigkeiten stabil bleibt. Einige Deltas haben doppelte Kiele, die als Luftbremse fungieren, indem sie dem Wind einen erhöhten Widerstand entgegensetzen und verhindern, daß der Drachen zu hoch fliegt und sich überschlägt. Andere bevorzugen ausgefranste Enden, die wie Schwänze wirken, was die Flugstabilität in stärkerem Wind erhöht.

Der Parafoil

Von Domina Jalbert erfunden, haben Parafoils viele Gemeinsamkeiten mit modernen Lenkfallschirmen. Da sie kein Gestänge besitzen, sind sie auf eine konstante Luftströmung angewiesen, damit ihre Aerofoil-Zellen aufgeblasen bleiben. Dieser Effekt kann durch Löcher in den inneren Rippen, die die Zellen über die gesamte Breite des Drachens voneinander trennen, erhöht werden. Die Leinen der Waage werden an einer Vielzahl von Kielen oder Finnen befestigt, die von der Vorderseite des Drachens abstehen. Diese Finnen fungieren als Stabilisatoren, die jedwede seitliche Bewegung unterbinden. Aufgrund ihrer Stabilität werden Parafoils oft als kostengünstige Alternative benutzt, um Kameras in die Höhe zu bringen und so Luftaufnahmen zu machen.

„Lesters Beine"

Das vielleicht seltsamste Luftphänomen ist dieser Drachen in Form gigantischer, vom Rumpf getrennter Beine, die man überall auf der Welt bei Festivals in der Luft tanzen und kicken sehen kann. Sie wurden von Martin Lester, einem Designer erdacht und gehören zu seinem bizarren fliegenden Zoo, der geschickterweise auch die obere Hälfte in Form eines winkenden Mannes enthält.

Das wirklich erstaunliche dieser Drachen ist ihre Fähigkeit die Bewegungen realer menschlicher Gliedmaßen zu imitieren – ein Effekt der durch das kunstvolle Nebeneinanderstellen von Ripstop-Bahnen entsteht. Da die Beine eine Länge von 3-19 m haben, können sie eine enorme Kraft entwickeln, so daß es sich ähnlich erhebend erweist, sie zu fliegen, als es unwirklich erscheint, sie zu beobachten .

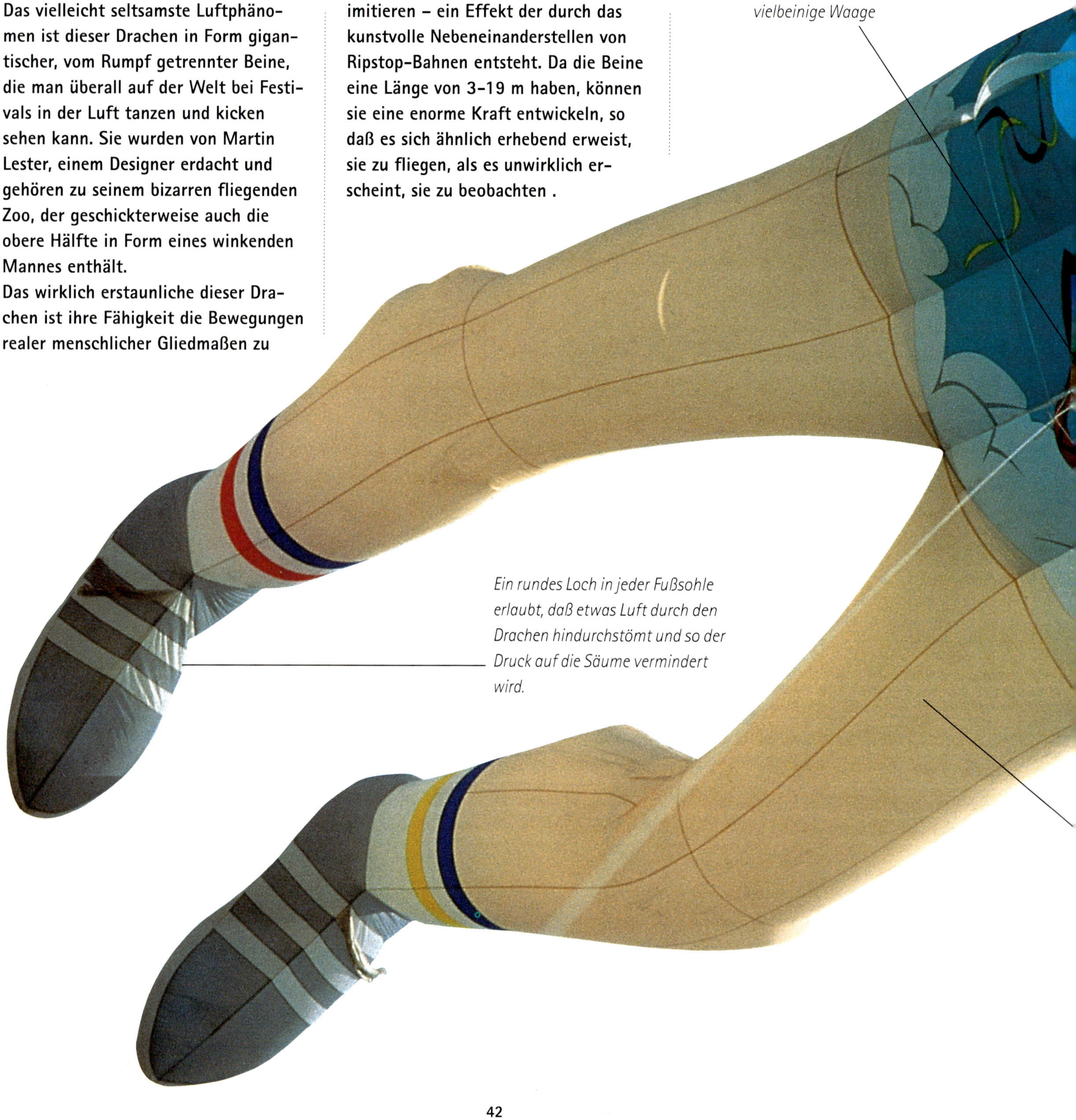

Der Diamant-Stunter (Blazer)

Dieser diamantförmige Stunt-Drachen besitzt eine doppelte Waage, an der zwei Flugleinen befestigt sind. Damit kann er nach links oder rechts geflogen werden. Wenn z. B. der Pilot an der rechten Leine zieht, wird sich der Drachen in diese Richtung drehen, bis er einen vollen Kreis beschrieben hat. Auf der anderen Seite wird ein Zug an der linken Leine dazu führen, daß der Drachen seine Richtung ändert. Wie der indische Kämpfer wird jeder Drachen mit zwei Leinen immer in die Richtung fliegen, in die seine Spitze deutet. Die Geschwindigkeit wird von einem langen Schwanz bestimmt, der sich hinter dem Drachenkörper erstreckt und Schleifen und Drehungen beschreibt. Ein starker, flexibler Glasfiber-Rahmen trägt dazu bei, die Kraft bei einem Zusammenstoß oder Absturz aufzunehmen.

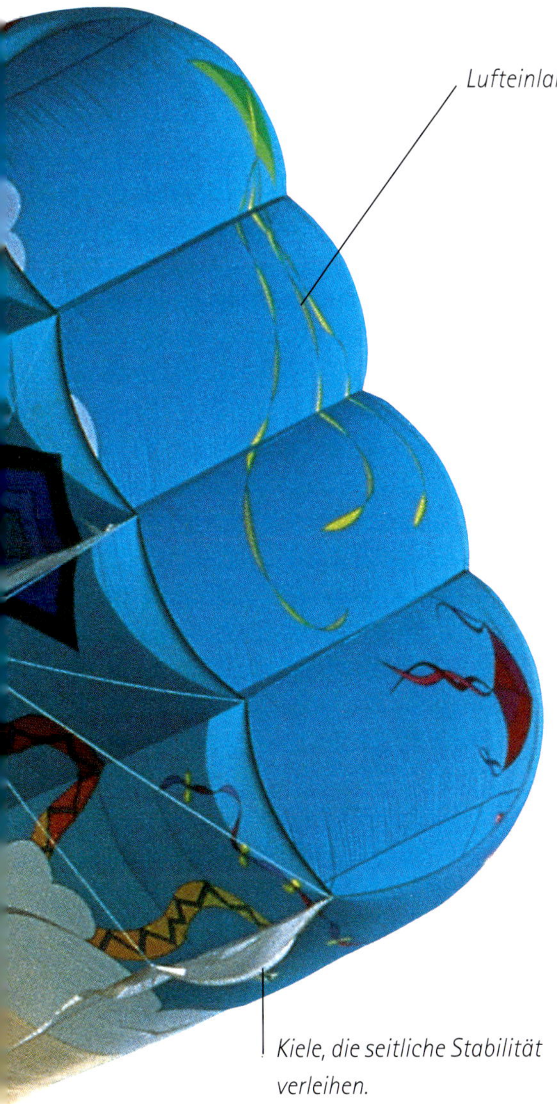

Lufteinlaß

Kiele, die seitliche Stabilität verleihen.

Die Gesamtform dieses Drachens basiert auf einem Flowform-Parafoil, obwohl seine Konstruktion und die daraus resultierenden Flugeigenschaften viel komplexer sind.

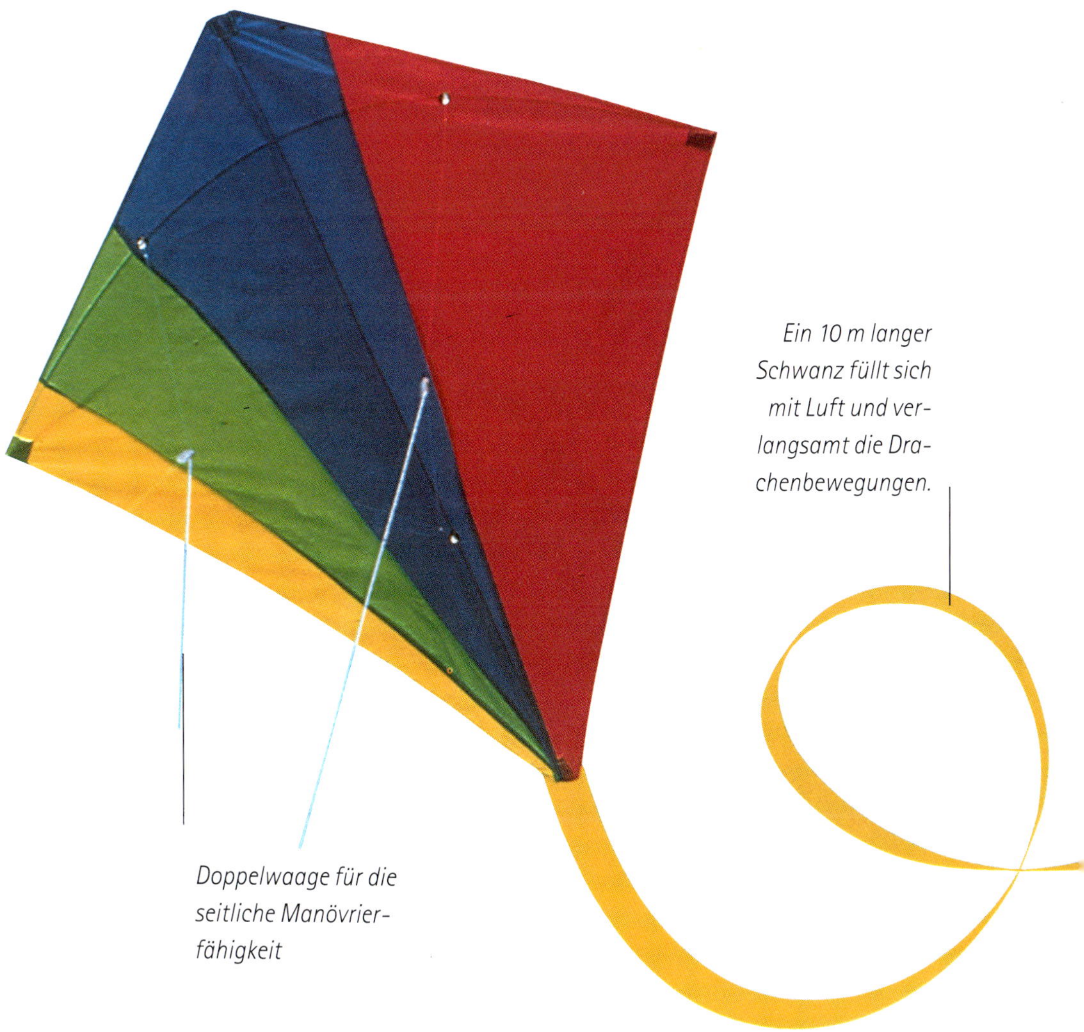

Ein 10 m langer Schwanz füllt sich mit Luft und verlangsamt die Drachenbewegungen.

Doppelwaage für die seitliche Manövrierfähigkeit

Der Swept-Wing-Stunter (Sandpiper)

Der Sandpiper ist ein moderner Swept-Wing-Sportdrachen. Er gehört zu der neuesten Generation von Hochleistungsdrachen mit doppelter Kontrolle, die von der immer größer werdenden Gemeinde von Wettkämpfern bevorzugt werden. Entwickelt von Chris Matheson, einer der führenden Sportdrachen-Piloten Europas, sind Sandpipers so konstruiert, daß sie verschiedene Flugmanöver, angefangen bei engen Wendungen bis hin zu sanften Drehungen um die eigene Achse, vollführen können.

Ein Rahmen aus leichten Kohlefaserstäben und ein gekammertes Segel aus Ripstop-Nylon erhöhen die aerodynamische Effektivität des Sandpipers. Obwohl der Standard-Sandpiper bereits ab einer Windgeschwindigkeit von 6,5 km pro Stunde in der Lage ist zu fliegen, kann der Ultraleicht-Sandpiper bei kaum spürbarem Wind geflogen werden.

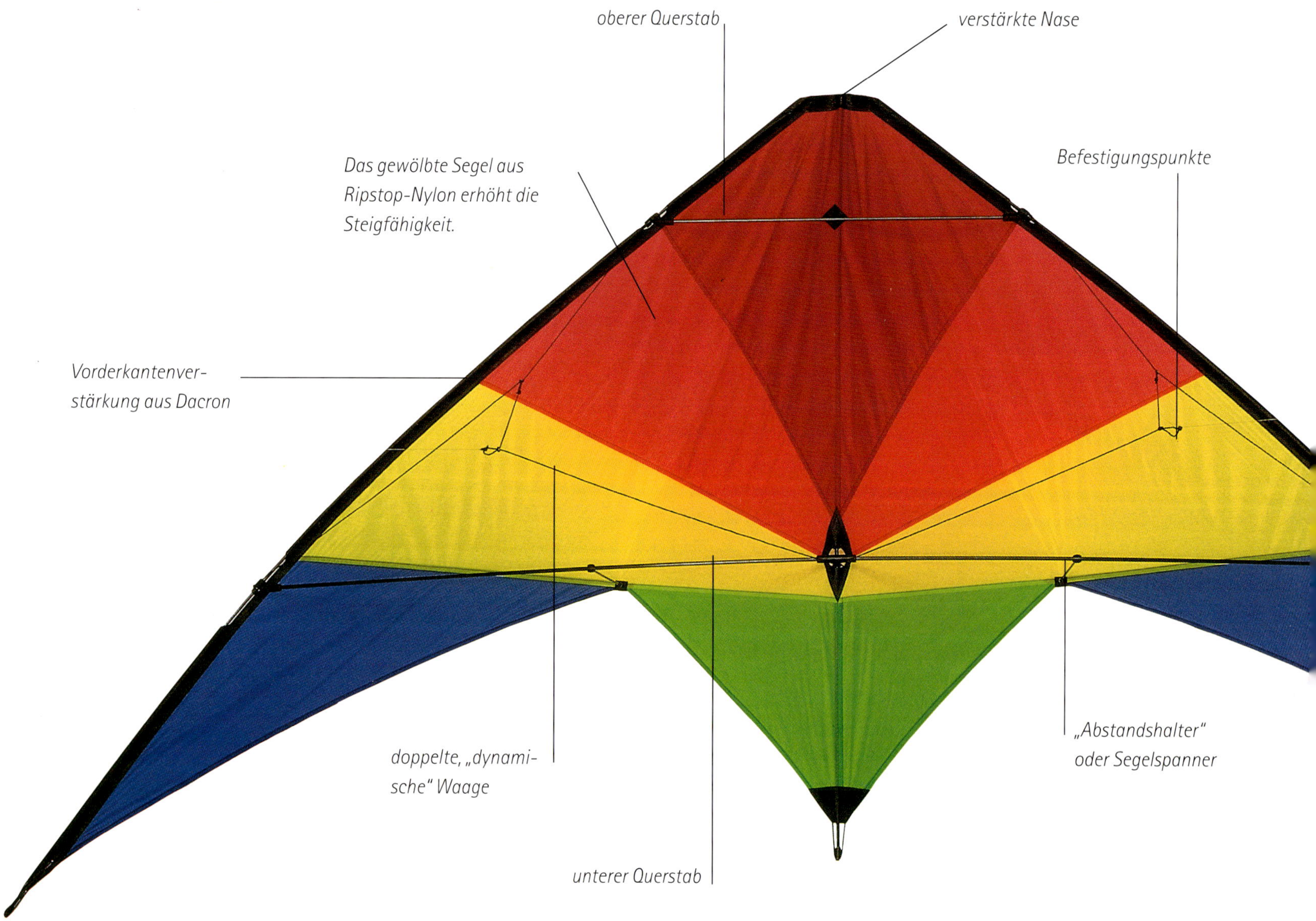

Der Speed Runner

Dieser Drachen ähnelt in seinem Erscheinungsbild einem Paraglider, mit einer Spannweite von 2,4 m ist er jedoch viel kleiner. Jim Rowlands, sein Konstrukteur, ging von einer elliptischen, planen Form mit einer vielbeinigen Waage aus. Die Leinen der Waage werden an jeder zweiten Zelle über den vorderen 20 % des Baldachins angebracht. Da sie für ihre Größe eine nicht zu unterschätzende Zugkraft entwickeln, gehören die Speed Runner in die Kategorie der Power-Drachen und können in starkem Wind selbst dem stärksten Piloten zu schaffen machen.

Der Flexifoil

Oben: Ein Stapel aus sechs Aerofoils kurvt mit majestätischer Leichtigkeit, aber muskelstrapazierender Kraft, durch die Luft.

Obwohl der Flexifoil bereits in den 70er Jahren entwickelt wurde, steht er immer noch an der Spitze der Power-Drachen-Technologie. Bei einer Spannweite von 1,2-3,6 m können diese Drachen gebündelt werden und produzieren so einen enormen Zug. Aus diesem Grund werden sie oft fürs „Traction Kiting" verwendet, wobei ein Drachen Boote, Buggys oder Skier zieht. Flexifoils halten den Weltrekord in zwei Disziplinen: Erstens für ihre Fähigkeit, bis zu 180 km pro Stunde zu erreichen; zweitens für den Rekord von 208 miteinander verbundenen Sportdrachen. Der Flexifoil besteht aus einer Reihe von Lufttaschen mit einer Maschenöffnung an der Vorderkante. Wenn Wind durch diese Öffnung rauscht, bläst sich der Baldachin auf und der Drachen erhebt sich. Zwei Steuerleinen werden jeweils am Ende eines Stabes befestigt, der über die gesamte Breite der Vorderkante des Drachens reicht; dieser biegt sich beim Abheben zu einem Bogen durch.

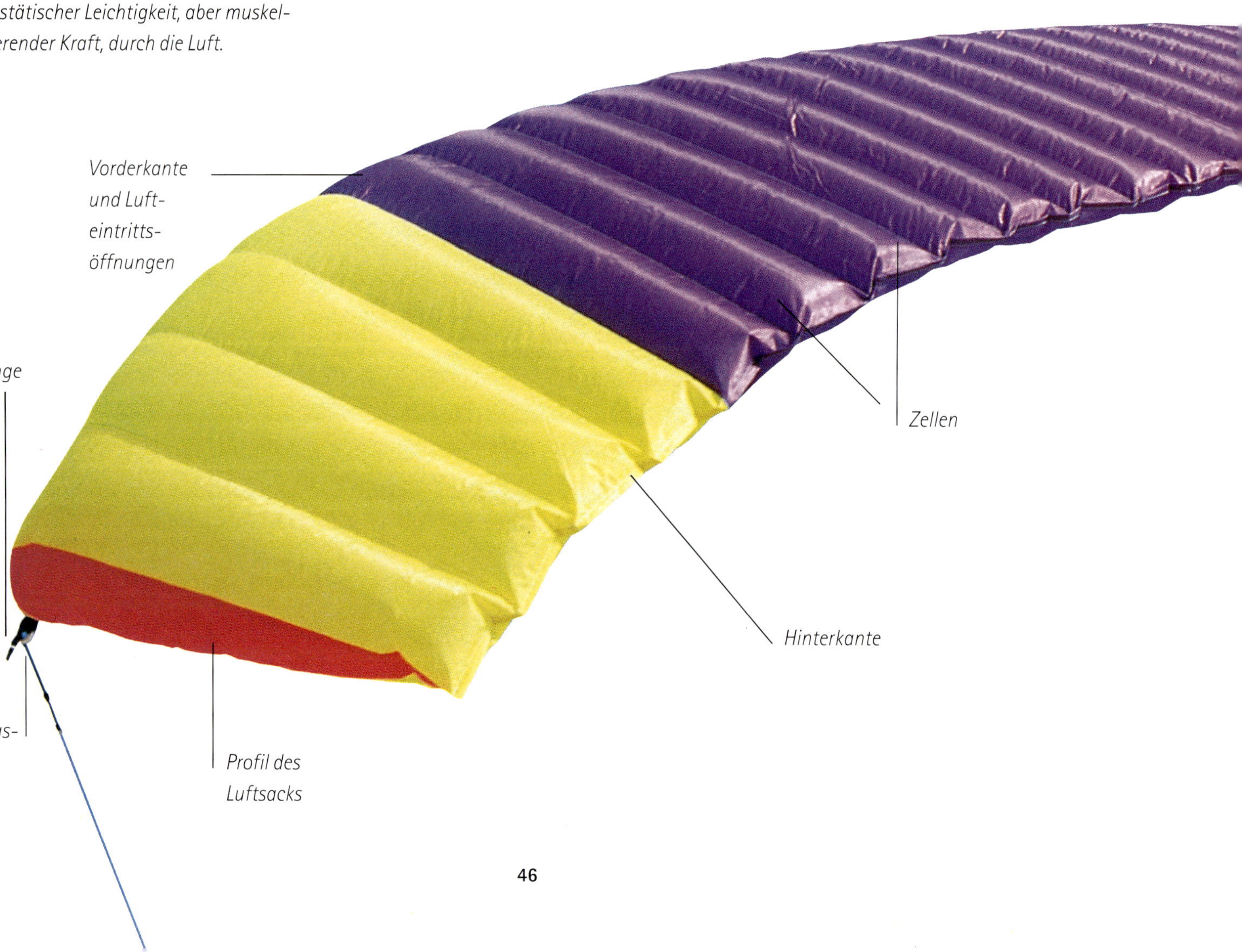

Links und unten: Die Kraft eines Flexifoil-Stapels kann zum Antreiben von Wasser- oder Landbuggies genutzt werden. Diese mit Drachenkraft angetriebenen Fahrzeuge, die von Peter Lynn entwickelt wurden, werden mit den Füßen des Fahrers gelenkt. Die erreichbare Geschwindigkeit hängt einerseits von der Windgeschwindigkeit selbst, andererseits von der Anzahl der verwendeten Drachen ab.

Der Revolution

Ursprünglich als Neos Omega bekannt, eroberte dieser vierleinige Drachen in den späten 80er Jahren die Welt. Der Revolution war das Ergebnis der Suche der Brüder Hadziki nach einem wirklich innovativen Luftfahrzeug. Ähnlich wie zweileinige Drachen kann auch der Revolution vorwärts fliegen und nach links und rechts gelenkt werden. Das geniale an diesem Drachen ist jedoch, daß er rückwärts und seitwärts fliegen kann, sich um seine zentrale Achse drehen sowie völlig reglos stehen kann – und das bei jeder Windgeschwindigkeit. Der Drachen wird mittels zweier gebogener Handgriffe gesteuert, an deren Enden jeweils eine Leine befestigt ist. Indem der Pilot diese Griffe nach vorne und hinten kippt, kann er den Revolution punktgenau steuern.

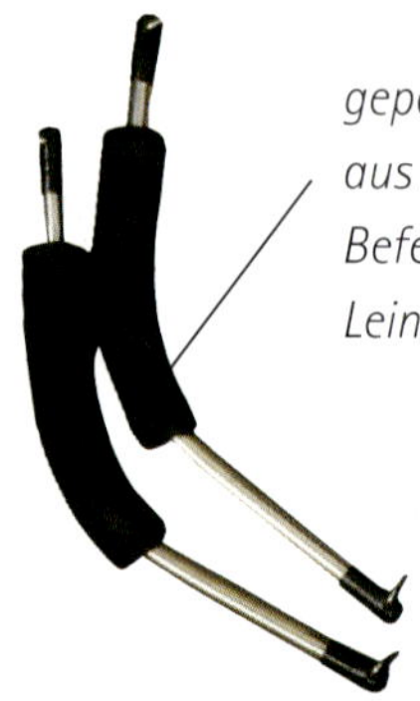

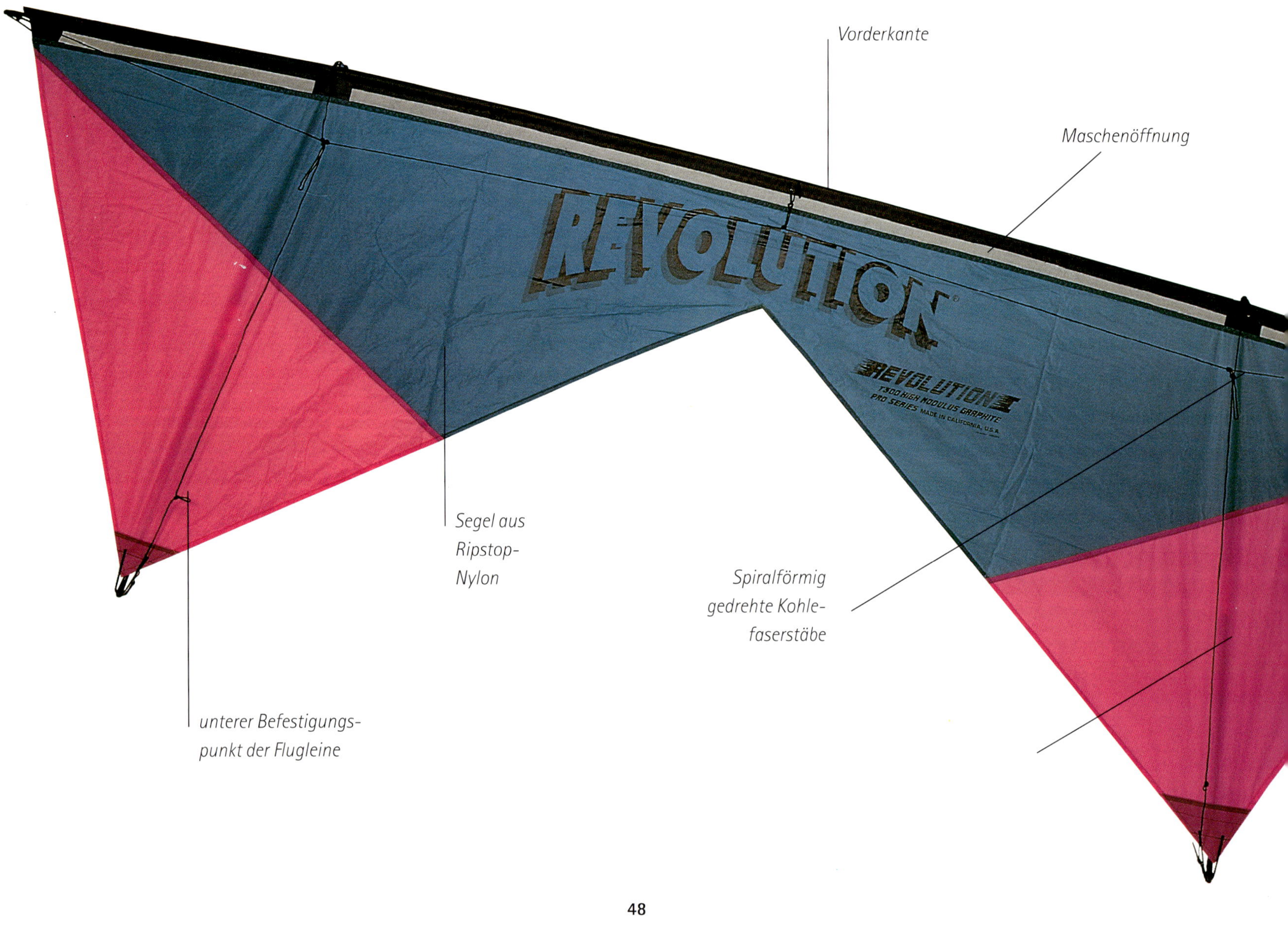

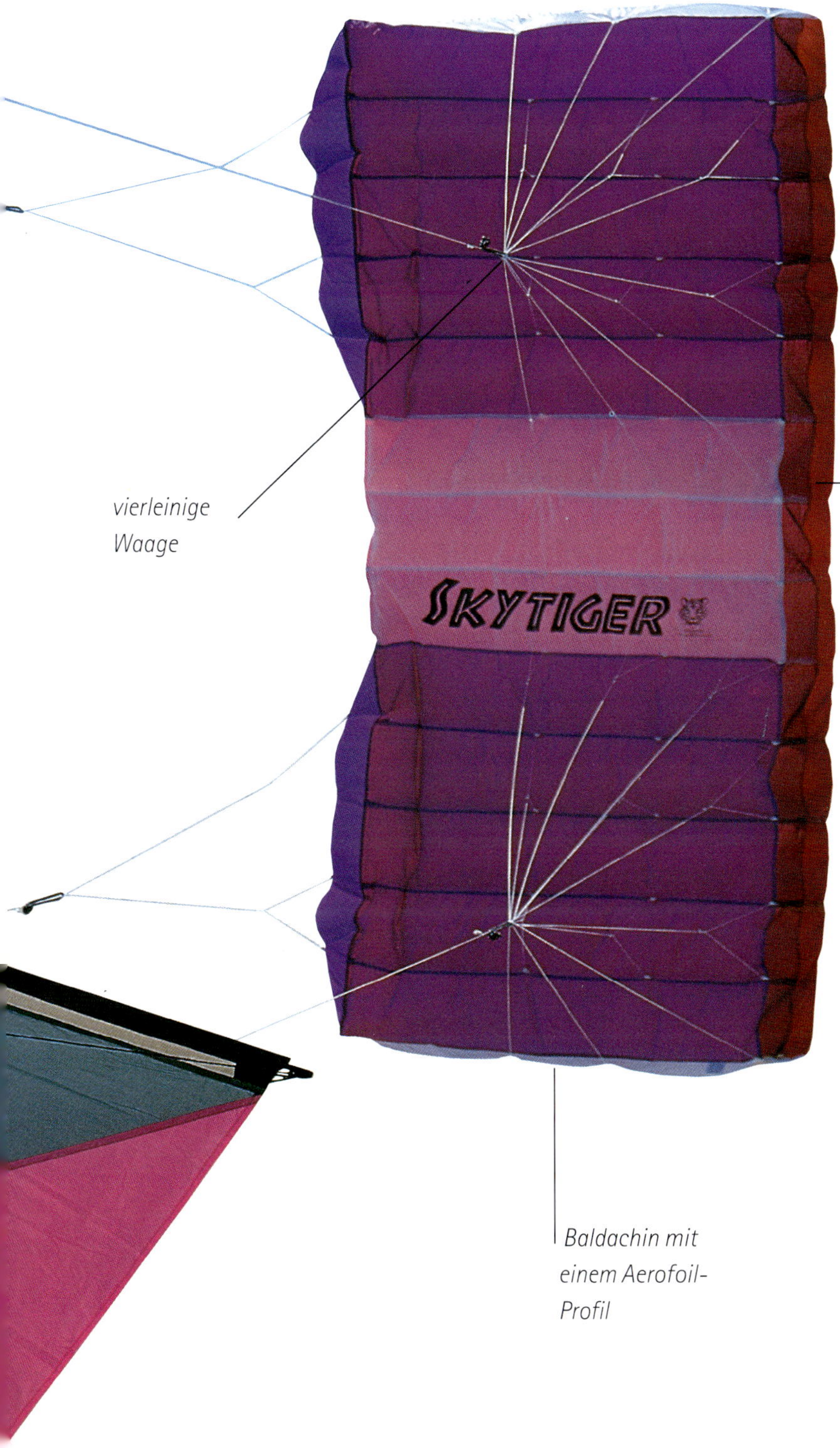

Der Sky Tiger

Dieser Drachen kombiniert das Lenksystem von vier Leinen mit einem Flexifoil-ähnlichen Baldachin. Die Kraft des Sky Tigers kann innerhalb eines Augenblicks gezähmt werden, indem man die Handgriffe nach vorne kippt, um den Drachen in eine überzogene Positionierung zu bringen. Indem man die Handgriffe wieder nach hinten kippt, kann diese Stellung rückgängig gemacht werden und sich der Baldachin erneut mit Luft füllen. Sky Tigers gibt es in einer Größe von 2-4,5 m, wobei die größeren Exemplare gerne von Buggy-Piloten verwendet werden.

Rechts: Einer der größeren Sky Tiger kurvt mit einem Minimum an Anstrengung für den Piloten in eine Drehung.

Die Flugschule

Ein Grund für den enormen Zuspruch den Drachen genießen, liegt darin, daß sie nur Wind und einen freien Platz benötigen. Jeder kann lernen, einen Drachen zu fliegen und es genießen mit dem Wind zu spielen. Dieses Kapitel bietet eine kurze Einführung in das Starten und Fliegen von sechs verschiedenen Drachen.

Zusatz-Ausrüstung

Die hier gezeigten Ausrüstungsgegenstände werden für einleinige und steuerbare Drachen in diesem Kapitel verwendet. Natürlich hängen die von Ihnen benötigten Geräte von der Wahl Ihres Drachens und den Windverhältnissen ab.

Handgriffe für den Revolution

Gepolsterte Schlaufen sind bei großen Power-Drachen sicherer, da sie nicht ins Handgelenk einschneiden.

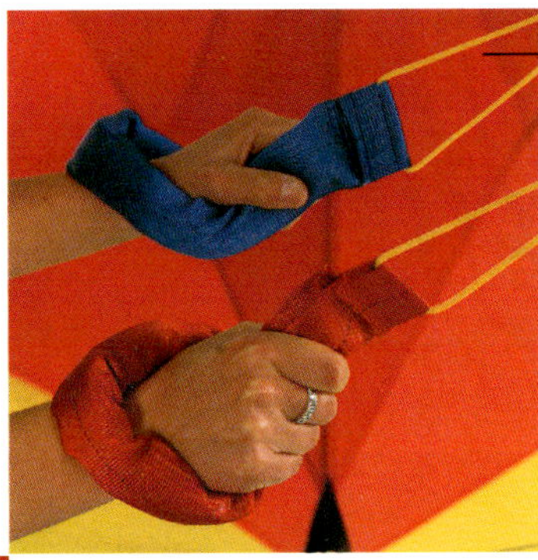

Lederhandschuhe, um die Hände vor Brandblasen zu schützen.

Sonnenbrillen mit vollem UV-Schutz

Dieser Typ der Ringspule wird mit der flachen Seite zum Drachen gerichtet, um Leine nachzulassen, oder im rechten Winkel zum Körper des Piloten gedreht, um die Leine festzuhalten.

Zweihändige Spulen wie diese werden von Fliegern der indischen Kampfdrachen verwendet.

Drachentasche

Vierleinenkurbel mit einem elastischen Kragen

Portdrachenleine aus Dacron mit geringer Dehnung

Bodenanker aus Plastik

Zweileinen-kurbel

Strapazierfähige Drachentasche mit seitlichen Taschen zur Unterbringung von zusätzlichem Begleitmaterial.

Die Grundausrüstung zum Drachenfliegen besteht aus einem Drachen, etwas Schnur, einem zylindrischen Körper, der als Spule Verwendung findet – und natürlich Wind. Wenn Sie jedoch ein Mitglied der wachsenden Gemeinde von Enthusiasten werden, benötigen Sie mit großer Sicherheit bald eine voluminöse Drachentasche, mit der Sie ein Sortiment an Drachen und alle weiteren Ausrüstungsgegenstände transportieren können. Eine Drachentasche beinhaltet verschiedene Drachen, um mit Änderungen des Flugstils oder der Windgeschwindigkeit zurechtzukommen. Mit Hilfe von Drachenlampen könnten gut ausgerüstete Piloten 24 Stunden ununterbrochen fliegen. Selbst in einem mittelgroßen Wohnzimmer können Sie Ihrem Hobby nachgehen, indem Sie einen kleinen ultraleichten Drachen verwenden.

Es ist auf jeden Fall immer eine gute Idee ein Reparaturset dabeizuhaben, da selbst den erfahrensten Fliegern ein Unfall oder Materialfehler passieren kann. Am ehesten werden Sie zusätzliche Stäbe brauchen, die denen in Ihrem Drachen entsprechen, sowie eine zusätzliche Leine und ein Spleißset, wenn Sie eine Sport-Leine verwenden sollten, die sich kaum dehnt. Ein Klebeband ist sinnvoll, falls das gesplitterte Ende eines Stabes das Segel durchlöchert. Alle diese zusätzlichen Gegenstände wiegen nicht viel, helfen aber Frustration und Enttäuschung zu vermeiden.

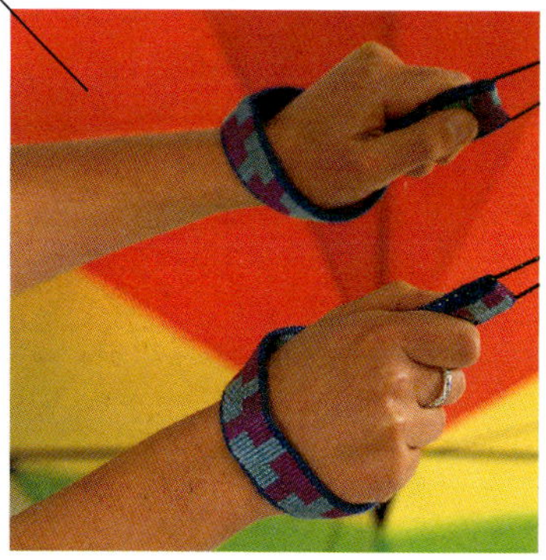

Standardgelenkbänder sind bei zweileinigen Drachen angenehmer und sicherer zu handhaben als Plastikgriffe.

Auswahl des Flugplatzes

Der ideale Flugplatz ist frei von Bäumen, Gebäuden oder anderen Hindernissen. Suchen Sie sich eine weite ebene Fläche, die mit Gras oder Sand bedeckt ist und vermeiden Sie scharfe Felsen oder dornige Pflanzen, die Ihren Drachen beim Landen beschädigen könnten.

Falls auf dem Gelände doch Bäume oder Gebäude sein sollten, achten Sie darauf, den Drachen so weit als möglich windabwärts aufzusetzen. Dies trägt dazu bei, den Drachen von Turbulenzen fernzuhalten.

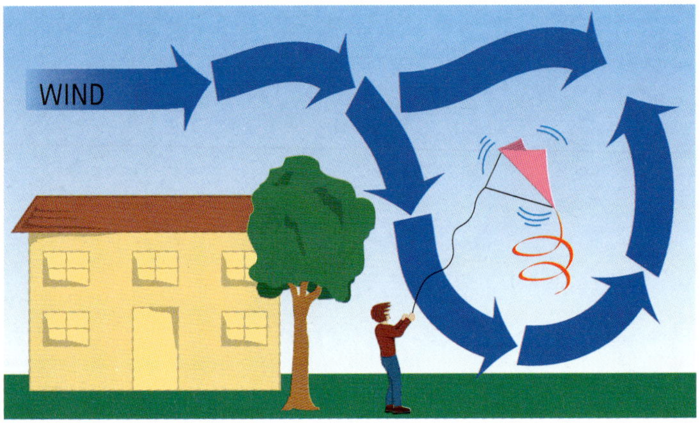

Rechts: Große Objekte in Windrichtung lassen die Strömung abreißen und bringen den Drachen außer Kontrolle.

Sicherheitstips

- Fliegen Sie einen Drachen niemals in der Nähe von Hochspannungsleitungen.
- Vermeiden Sie über den Köpfen anderer Leute oder über Tieren zu fliegen, da sie verletzt werden könnten.
- Fliegen Sie nicht in der Nähe von Straßen, Eisenbahnlinien oder näher als 5 km zu einem Flughafen.
- Überprüfen Sie die max. Flughöhe in Ihrem Land (in Deutschland 100 m).
- Tragen Sie am besten Handschuhe, wenn Sie einen Einleinendrachen fliegen, um Verbrennungen durch die Leine zu vermeiden
- Schädliche ultraviolette Strahlungen können durch die Wolkendecke dringen, tragen Sie daher eine Sonnenbrille und cremen Sie sich gut ein.

Abschätzen der Windgeschwindigkeit

Diese Tabelle gibt einen groben Überblick über die Windstärke. Für präzisere Angaben empfehlen sich Windmesser, die Sie in Drachengeschäften oder bei Yachthändlern erhalten.

Beaufort	durchschnittliche km pro Stunde	Wirkung auf die Umgebung	Drachentyp
1	2–5	*Rauch beginnt mit dem Wind zu treiben.*	*ultraleichter Deltadrachen*
2	6–12	*Blätter rascheln etwas.*	*ultraleichter oder mittlerer Deltadrachen*
3	13–20	*Kleine Äste bewegen sich und Rauch treibt horizontal.*	*Die meisten Drachen fliegen.*
4	21–30	*Staub wird aufgewirbelt und größere Äste bewegen sich.*	*Große Drachen beginnen zu ziehen.*
5	31–40	*Oberflächenwellen bilden sich auf dem Wasser.*	*gute Bedingungen für Buggies*
6	41–50	*Bäume biegen sich im Wind.*	*ausgezeichnet für Buggies, Powerdrachen u. ä.*

Starten und Fliegen eines Deltadrachens

Hinweise zum Fliegen

Ort

Am besten eine Parkanlage, da der Deltadrachen hier in der Lage ist, schnell an Höhe zu gewinnen und einen hohen Flugwinkel beizubehalten. Auf diese Weise lassen sich auch Turbulenzen von nahen Bäumen und Gebäuden vermeiden.

Anzahl der benötigten Personen

Eine

Eignung für Kinder

Kinder ab acht Jahren, jüngere Kinder nur unter Aufsicht von Erwachsenen

Schwierigkeitsgrad

Gute Möglichkeit zum Lernen

Zusatzausrüstung

Keine

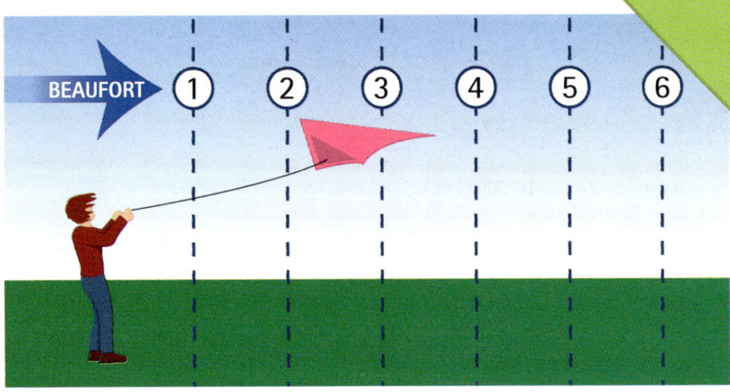

Dieser kleine Deltadrachen hat eine Spannweite von ca. 1,5 m. Bitte beachten: Größere Deltadrachen setzen eine gewisse körperliche Kraft zum Fliegen voraus
Es ist immer wichtig, für jeden Drachen, den Sie fliegen wollen, die richtige Leinenstärke zu wählen. In diesem Fall wird eine Leine mit einer Reißfestigkeit von 15-20 kg ausreichen. Eine zylindrische Kurbel ist in diesem Fall ebenfalls zu empfehlen, um schnell Leine nachgeben zu können. Mit einem Drehclip kann die Leine am Drachen befestigt werden. Dieser verhindert auch, daß sich die Leine während des Flugs verheddert.

1 Die Leine wird an einem Punkt des Kiels befestigt. Manche Deltadrachen haben drei Punkte zur Auswahl: einen an der Spitze des Kiels für mittleren Wind, einen ca. 1 cm näher an der Nase für höhere Windstärken und einen ca. 1 cm näher am Ende für niedrigere Windgeschwindigkeiten.

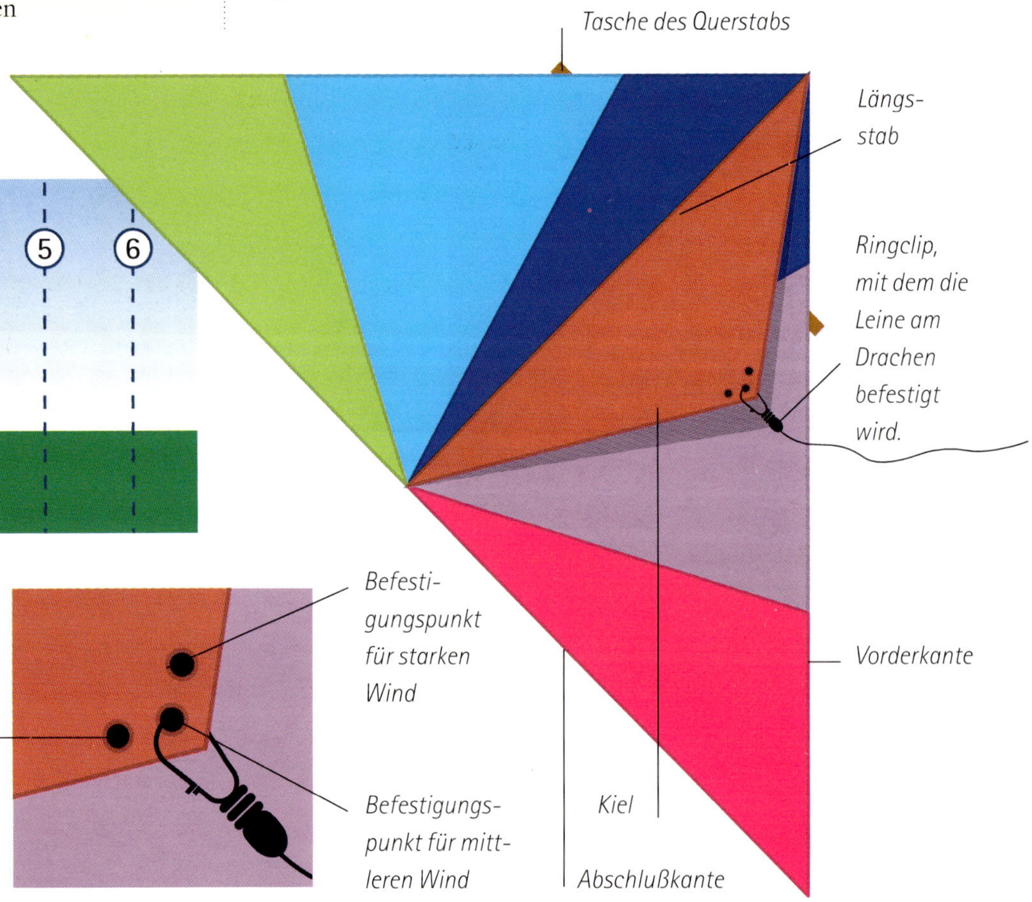

Rechts: Vergrößerung des Kiels

2 Stehen Sie mit dem Rücken zum Wind und halten Sie in der einen Hand den Kiel, in der anderen die Kurbel. Lassen Sie den Drachen los, sobald der Wind das Segel ausbeult, und geben Sie Leine nach.

3 Es ist wichtig, die Leine stets unter einer gewissen Spannung zu halten; sie sollte jedoch gelockert werden, wenn der Drachen anfängt sich zu drehen oder außer Kontrolle gerät. Wenn der Drachen zu sinken beginnt, bringt ihn ein sanfter Zug an der Leine wieder nach oben. Denken Sie daran, daß die Windstärke zunimmt, je höher der Drachen fliegt. Behalten Sie deshalb Ihren Drachen immer gut im Auge!

4 Um den Drachen herunterzuholen, spulen Sie die Leine auf und achten dabei auf jedes Anzeichen von Instabilität. Sollte der Drachen ins Trudeln geraten, dann geben Sie etwas Leine nach und gehen Sie auf den Drachen zu. Wenn der Drachen wieder ruhig fliegt, können Sie die Leine wieder einholen.

Hinweis

Wenn das Flugverhalten instabil wird, ziehen die meisten Anfänger instinktiv stark an der Leine und bewegen sich schnell rückwärts. Das unvermeidliche Ergebnis dieses Vorgehens ist die Beschleunigung des Sinkens sowie der Absturz und möglicherweise das Zerbrechen des Drachens.

Starten und Fliegen eines Kastendrachens

Hinweise zum Fliegen

Ort
Ist für fast alle Gelände geeignet.

Anzahl der benötigten Personen
Kann allein geflogen werden, bei stärkerem Wind können zwei Personen nötig sein (siehe Schritt 1)

Eignung für Kinder
Kinder ab acht Jahren, jüngere Kinder nur unter Aufsicht von Erwachsenen

Schwierigkeitsgrad
Genauso einfach wie der Deltadrachen zu fliegen, benötigt aber etwas Wind.

Zusatzausrüstung
Keine

Drogues

Ein Drogue besteht aus Ripstop-Nylon und ähnelt einem kleinen Windsack, der an seiner größeren Öffnung mittels eines schmalen Bandes aus versteifendem Material offen gehalten wird. Wenn er am unteren Ende des Drachens befestigt wird, hat er die gleiche Wirkung wie ein Schwanz. Drogues können auch als Schmuck direkt an der Flugleine befestigt werden. Wie man einen Drogue bastelt, steht auf Seite 103.

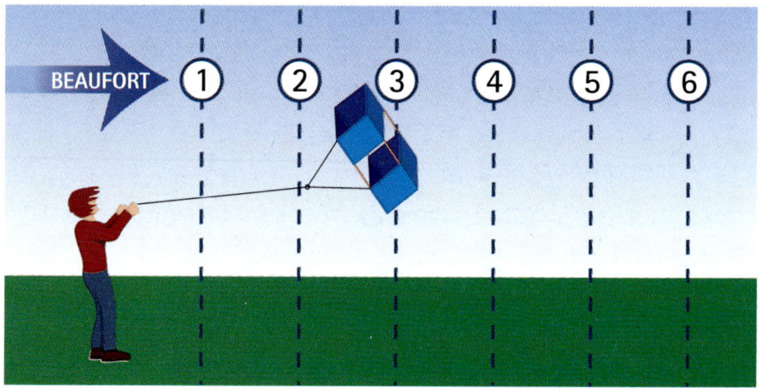

1 Einige Drachen, vor allem die größeren, lassen sich leichter mit Hilfe eines Kopiloten starten. Nachdem man die Flugleine befestigt hat (etwa 30-40 kg Reißfestigkeit), trägt der Kopilot den Drachen ca. 10 m windabwärts vom Piloten und hält ihn hoch in den Wind. Wenn der Pilot bereit ist, wird der Drachen losgelassen und sollte anfangen zu steigen, um seinen korrekten Flugwinkel zu erreichen. Diese Technik wird als „langer Start" bezeichnet und ist besonders dann einzusetzen, wenn der Wind auf Bodenhöhe zu schwach ist, um einen Handstart zu erlauben.

2 Kastendrachen wie dieser hier benötigen im allgemeinen eine Windstärke von etwa 3 Beaufort, können aber mit Hilfe eines Drogue oder eines Windsacks auch bei stärkerem Wind geflogen werden.
Wenn der Drachen groß ist oder stark zieht, ist es manchmal einfacher ihn zu landen, indem man die Kurbel auf die Erde legt und die Leine von Hand einholt. In diesem Fall müssen Sie aber Ihre Hände unbedingt durch Handschuhe schützen.

Der Tumbling Morgan Star-Kastendrachen

Obwohl Kastendrachen dafür berühmt sind, sehr stabil zu fliegen und sich mit dem Wind zu bewegen, stellt dieser Drachen die Ausnahme der Regel dar. Der Tumbling Morgan Star gehört zu einer Variante der Kastendrachen, die ein charakteristisches, schmales Seitenprofil besitzen. Tumbling-Kastendrachen können fast auf die gleiche Weise gesteuert werden wie indische Kampfdrachen (siehe Seite 34). Wenn Sie die Technik erst einmal beherrschen, können Sie sich selbst auf die Probe stellen wie weit Sie den Drachen absinken lassen, bevor Sie ihn wieder korrigieren.

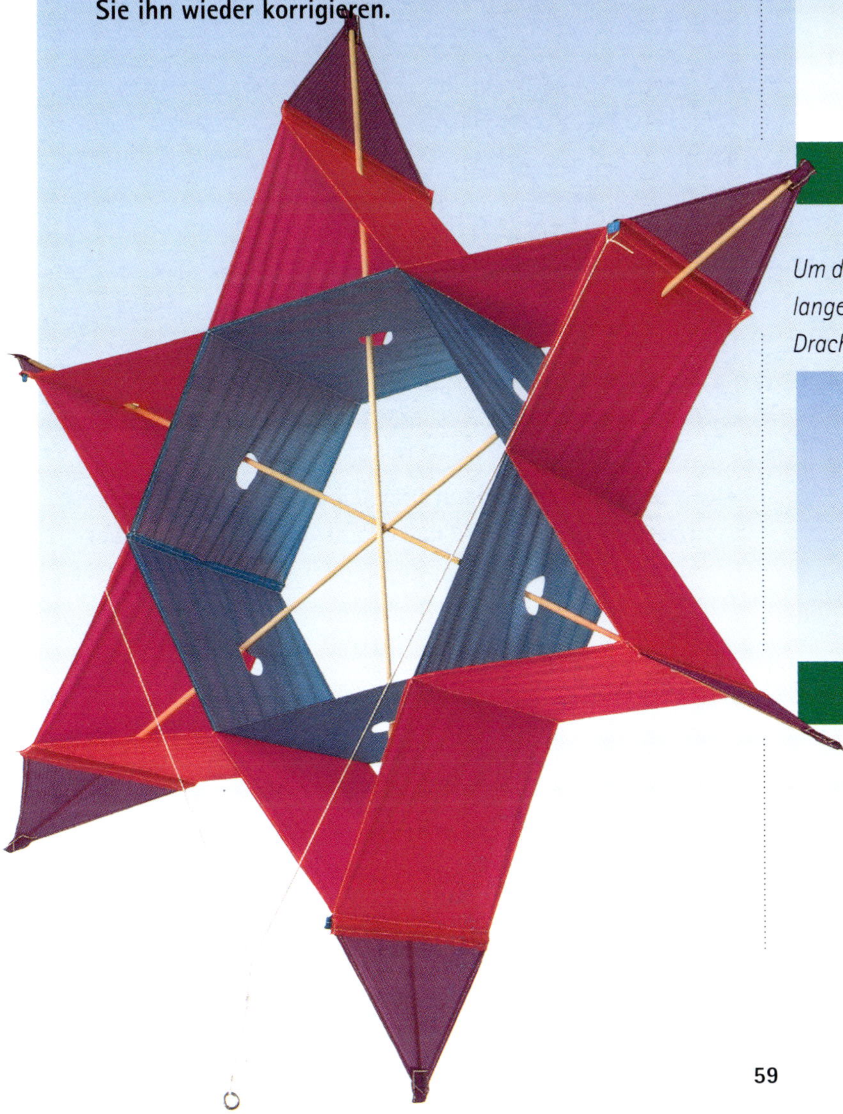

Die Waage dieses Drachens mit schmalen Zellen wird so eingestellt, daß er in einem Winkel, der dem Piloten abgeneigt ist, geflogen wird. Nach dem Starten erreicht der Drachen eine stabile Position im Wind, wird aber, wenn man schnell Leine nachgibt, nach hinten kippen und abstürzen.

Um diese Bewegung aufzuhalten, muß der Pilot nur die Leine so lange aufrollen bis genügend Spannung vorhanden ist, um den Drachen wieder zu stabilisieren.

Starten und Fliegen eines großen Parafoils

Hinweise zum Fliegen

Ort
Ein großes, offenes Gelände, frei von Erhebungen, die Turbulenzen verursachen könnten, da Parafoils sanften und gleichmäßigen Wind benötigen, um sich aufzublähen und zu fliegen.

Anzahl der benötigten Personen
Zwei

Kinder
Ein Drachen dieser Größe kann Kinder möglicherweise vom Boden ziehen. Kleinere Parafoils sind jedoch für Kinder durchaus geeignet.

Schwierigkeitsgrad
Etwas Flugerfahrung mit kleineren Drachen ist zu empfehlen.

Zusatzausrüstung
Drogue, Handschuhe

Das Fliegen dieses Drachens ist mit großer Wahrscheinlichkeit eine Aufgabe für zwei Personen, da ein Parafoil dieser Größe sehr stark ziehen kann. Eine Leine mit einer Reißfestigkeit von etwa 120 kg wird hier verwendet, um das Losreißen in einer plötzlichen Windböe zu verhindern.

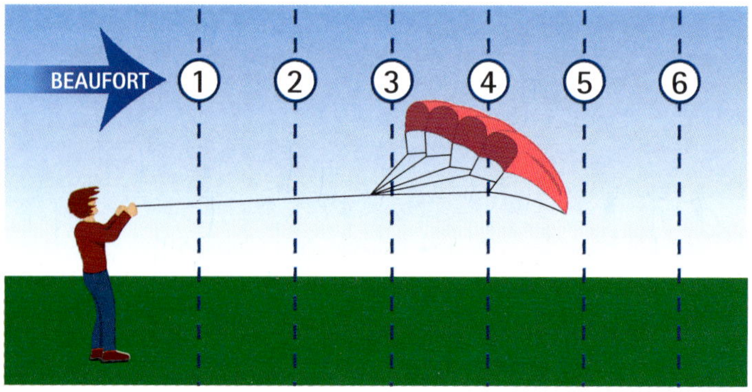

Wenn Sie einen einleinigen Drachen dieser Größe fliegen, ist es unbedingt erforderlich, daß Sie zur Vermeidung von Verbrennungen an den Händen durch die Leine Handschuhe tragen.

1 Pilot und Kopilot legen den Drachen am Boden aus und bereiten ihn zum Abheben vor. Nachdem man sich vergewissert hat, daß sich keine verborgenen Leinen verwickelt haben, wird die Flugleine an der Waage befestigt. Falls ein Clip benutzt wird, muß dieser eine ähnliche Brechkraft aufweisen wie die Leine. Für kleinere Drachen reicht ein Angelring vollkommen aus, ein Drachen dieser Größe erfordert allerdings einen Karabinerhaken. Eine solche Verbindung ist jedoch nicht unbedingt erforderlich, da man die Flugleine genausogut auch mit einem Sicherheitsknoten direkt an der Waage festbinden kann.

2 Wenn der Drachen startbereit ist, hält der Kopilot den Baldachin in die Höhe, damit der Wind jede Zelle aufblähen kann. Eine lange Startmethode ist für rahmenlose Drachen dieser Größe ideal, da sie einen konstanten Winddruck benötigen, um aufgebläht zu bleiben.

3 Sobald man den Drachen losläßt, steigt er sehr schnell nach oben. Einmal gestartet, sollte ein Parafoil bei mittlerem Wind ruhig in der Luft liegen. Sollte der Wind plötzlich nachlassen, besteht die Gefahr, daß der Baldachin in sich zusammenfällt, kann aber in den meisten Fällen rasch durch einen kontinuierlichen Zug an der Leine wieder aufgebläht werden.

4 Wegen seiner Zugkraft ist ein Parafoil dieser Größe einfacher durch die „Runtergehen"-Methode zu landen. Der Kopilot geht auf den Drachen zu und zieht dabei die Leine per Hand nach unten, während der Pilot die lockere Leine hinter ihm aufspult, bis der Drachen sicher am Boden liegt. Diese Methode kann vereinfacht werden, wenn ein Karabinerhaken an einem starken Handgelenkband befestigt wird. Der Copilot hakt sich einfach an der Leine fest, geht auf den Drachen zu und zieht dabei gleichmäßig an dem Band.

Starten und Fliegen eines Swept-Wing-Sportdrachens

Hinweise zum Fliegen

Ort
Ein weiter offener Platz

Anzahl der benötigten Personen
Eine

Kinder
Die kleinsten Swept-Wing-Drachen sind für Kinder ab einem Alter von acht Jahren geeignet.

Schwierigkeitsgrad
Anfänger werden in leichtem bis mittlerem Wind wenig Probleme haben.

Zusatzausrüstung
Glatte, unelastische Leine, Bodenanker

Lenkbare Drachen werden selten mit Leinen geflogen, die länger als 50 m sind. Da die durchschnittliche Spannweite eines Swept-Wing-Sportdrachens etwa 2,4 m beträgt, sollte die Reißfestigkeit der Leine bei ca. 60 kg liegen. Lenkdrachen benötigen eine andere Leinenart als einleinige Drachen. Diese Schnur, im allgemeinen als Spectra oder Dynema bekannt, ist sehr eng gewoben und dadurch wesentlich feiner als die Standardflugleinen, wodurch der Zug der Leine bei Bewegungen des Drachens reduziert wird. Sie besitzt auch nur eine geringe Elastizität, so daß sich die Handbewegungen des Piloten ohne Verzögerung auf den Drachen übertragen können. Die meisten Sportdrachen-Piloten bevorzugen Handgelenksschlaufen anstelle von Kunststoffgriffen, da sie bequemer und sicherer zu handhaben sind.

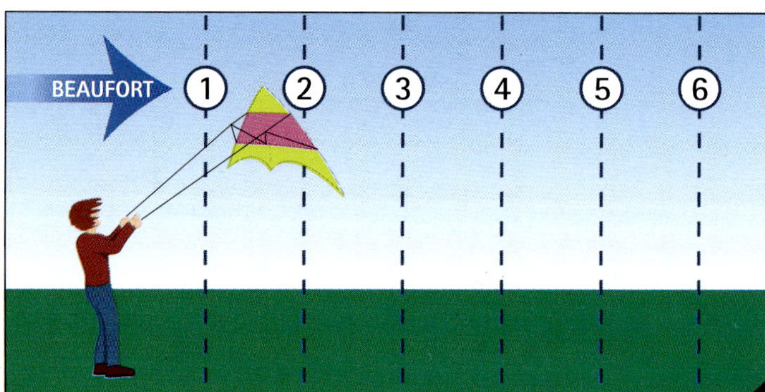

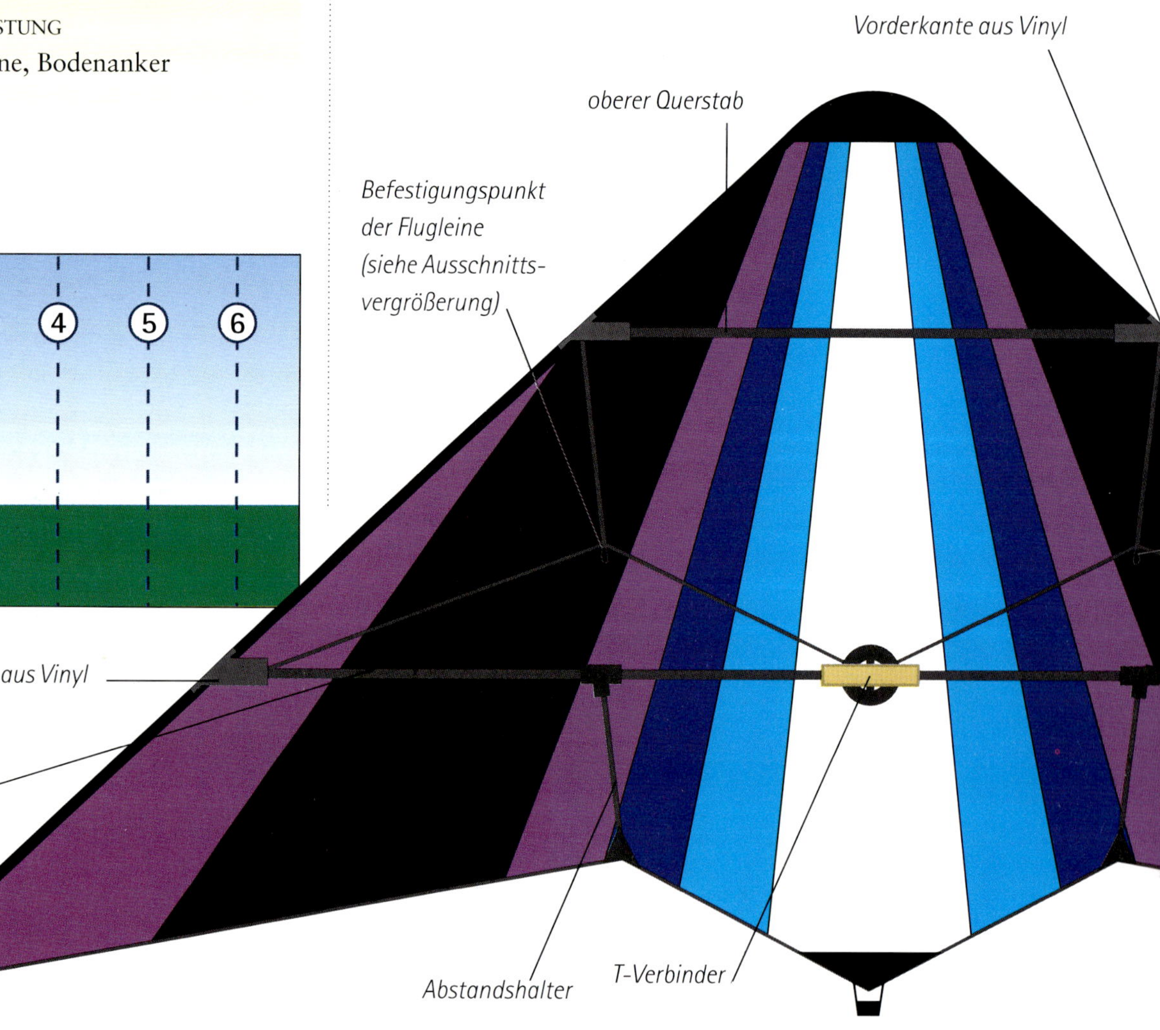

Vorbereitungen für den Start

1 Bauen Sie den Drachen gemäß den Herstellerangaben zusammen. Dazu gehört, den oberen Querstab in zwei Vinyltaschen an der Vorderkante zu stecken und die zwei unteren Querstäbe ebenfalls an der Vorderkante sowie im T-Verbinder am Längsstab zu befestigen. Das Segel wird gespannt, indem man zwei Abstandshalter zu den unteren Querstäben anbringt. Prüfen Sie , ob die Waage auch nicht verwirrt ist, bevor Sie die Flugleinen an den Zügelringen oder -schlaufen befestigen. Einige Leute bevorzugen Drehclips, um Ihre Flugleine an den Zügeln festzumachen. Dies erhöht jedoch das Gesamtgewicht und eine einfachere Methode ist es, die Flugleinen mittels einer Überwurfschlinge (Lark's head knot) direkt am Zügel anzubinden.

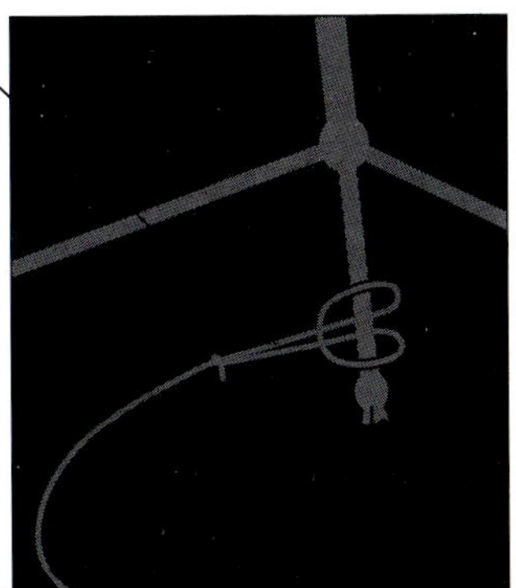

Eine Schlaufe am Ende jeder Flugleine wird durch einen Überwurfknoten am Zügel befestigt.

Ein Knoten am Ende des Befestigungspunkts verhindert, daß der Überwurfknoten während des Fluges abrutscht.

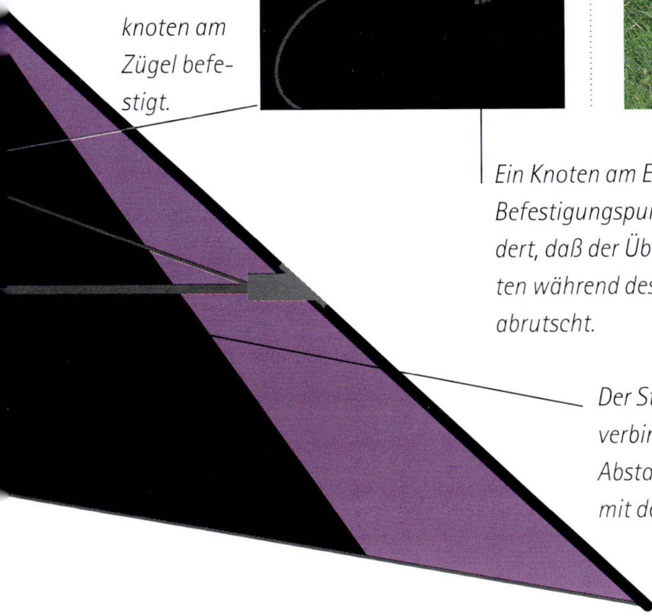

Der Stabhalter verbindet den Abstandshalter mit dem Querstab.

2 Um einen Swept-Wing alleine zu starten, sollten Sie zunächst einen Bodenanker (ein Zelthering genügt auch) fest in den Boden stecken und jeweils ein Ende der Flugleinen darumwickeln. Wickeln Sie beide Leinen vollständig ab und versichern Sie sich, daß beide gleich lang sind, bevor Sie sie an den Waagen befestigen. Wenn Ihre Leinen völlig neu sind, kann es sein, daß Sie sich während des Fluges dehnen und Korrekturen notwendig machen. Stellen Sie den Drachen auf, so daß seine Vorderseite in den Wind weist und er auf seinen Flügelenden und den Abstandshaltern steht. Gehen Sie dann zu dem Bodenanker zurück und verbinden Sie die Handgriffe mit den Leinenenden. Jetzt ist alles bereit, um den Drachen zu starten.

Starten

3 Nehmen Sie die Handgriffe vom Bodenanker ab, achten Sie dabei darauf, daß die Leinen nicht verwickelt sind. Gehen Sie ein oder zwei Schritte zurück, während Sie die Griffe in Hüfthöhe halten und ziehen Sie dabei sanft an den Leinen, damit der Drachen abhebt. Testen Sie die Kontrolle über den Drachen sobald er seine größte Höhe erreicht hat, indem Sie abwechselnd an beiden Leinen ziehen und damit den Drachen nach links und rechts lenken.

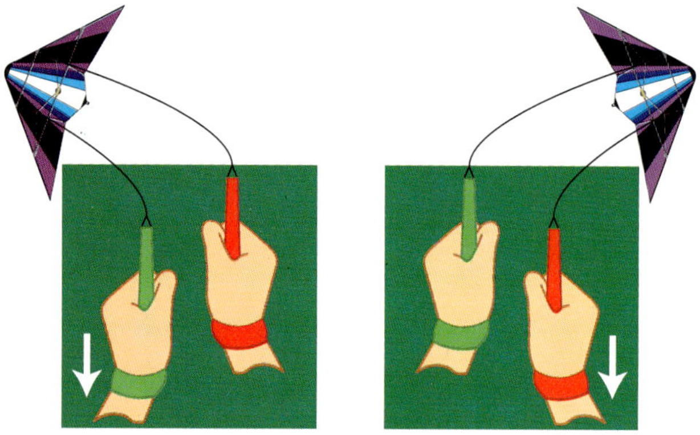

Geschwindigkeitsregelung

Das Fliegen eines Stunt-Drachens wird erleichtert, wenn man sich am Boden bewegt, um die Geschwindigkeit des Drachens auf diese Weise zu kontrollieren. Wenn man zurückgeht, wird der Drachen beschleunigt, im Gegenzug wird der Drachen langsamer, wenn man auf ihn zugeht und erleichert so ein Abtauch- oder Landemanöver.

4 Eine sichere Methode den Drachen zu landen, ist ihn so weit als möglich nach links oder rechts zu steuern. Jeweils am Extrempunkt steht der Drachen mit seiner Spitze im Wind, wo er an Auftrieb verliert und sanft zu Boden sinkt. Wenn Sie horizontal von rechts nach links fliegen, werden Sie bemerken, daß der Zug des Drachens variiert und an den Enden wesentlich schwächer ist, als im Zentrum. Sie werden auch feststellen, daß der Drachen beim vertikalen Steigen einen Punkt erreichen wird, an dem sein Zug nachläßt und er fast stehenbleibt. Diese Position ist recht nützlich, da man auf diese Weise seinen Armen eine kleine Ruhepause gönnen kann.

Rechts: Wenn Sie mit dem Lenken des Drachens keine Schwierigkeiten mehr haben, können sie einige Präzisionsmanöver ausprobieren (siehe Seite 66-69).

Windfenster

Das Gebiet in dem ein Lenkdrachen fliegt, wird als Windfenster bezeichnet. Direkt windabwärts vom Piloten wird sich der Druck auf das Segel stärker anfühlen, als wenn der Drachen nach links oder rechts aus dieser Mittelposition herausgeführt wird. Das ist so, weil der Drachen in einem Bogen um den Piloten herumgeflogen wird (siehe Abbildung 1). Wenn der Drachen den linken oder rechten Endpunkt des Bogens erreicht, wird er langsamer, da er direkt in den Wind hinein fliegt. Die gleiche Änderung wird auftreten, wenn sich der Drachen oben der Spitze des Fensters nähert (siehe Abbildung 2). Das Hauptdiagramm auf dieser Seite zeigt das Windfenster als einen schraffierten Halbkreis mit Rasterung. Je dunkler die Schraffierung erscheint, umso stärker wird der Wind auf das Segel einwirken und sich der Drachen bewegen (außer der Pilot geht auf ihn zu, um seine Geschwindigkeit zu regulieren). Das Raster deutet lediglich verschiedene Punkte im Fenster an und wird Ihnen dabei helfen, während weiterer Flugmanöver Ihren Drachen richtig zu positionieren.

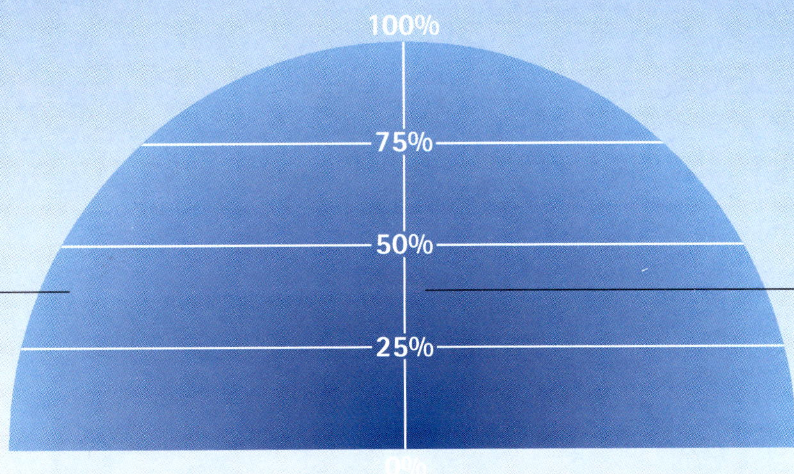

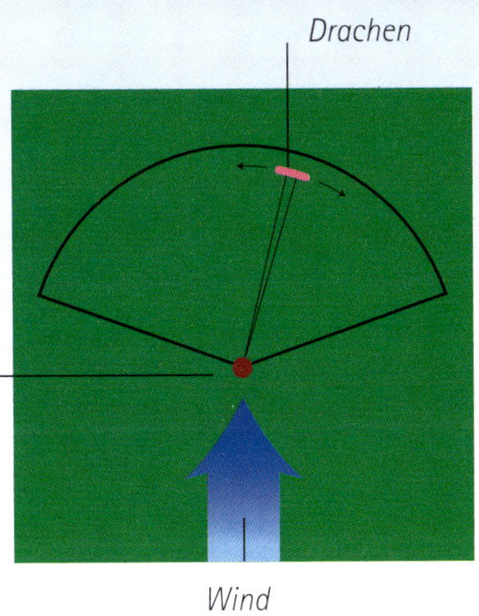

Abbildung 1

Abbildung 2

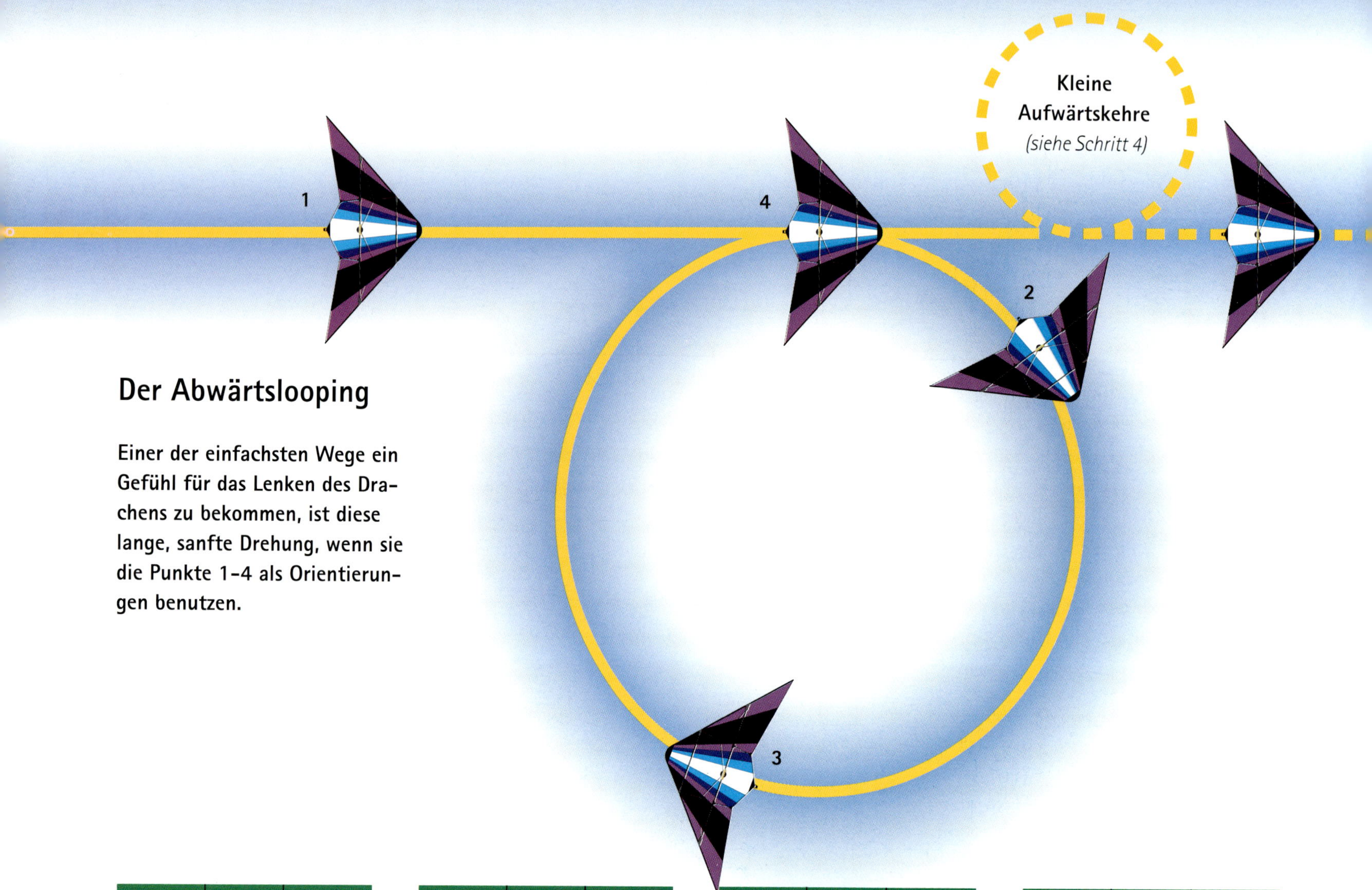

Der Abwärtslooping

Einer der einfachsten Wege ein Gefühl für das Lenken des Drachens zu bekommen, ist diese lange, sanfte Drehung, wenn sie die Punkte 1-4 als Orientierungen benutzen.

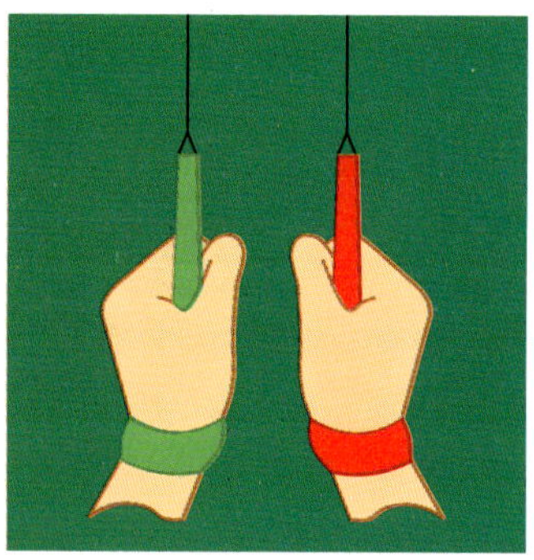

1 Positionieren Sie den Drachen am Anfang in einer Höhe von etwa 75% des Windfensters an der linken Seite. Drehen Sie ihn an dieser Stelle nach rechts und fliegen Sie, indem Sie ihre Hände parallel halten, eine gerade, waagrechte Linie, bis Sie dann die Mitte des Windfensters erreichen.

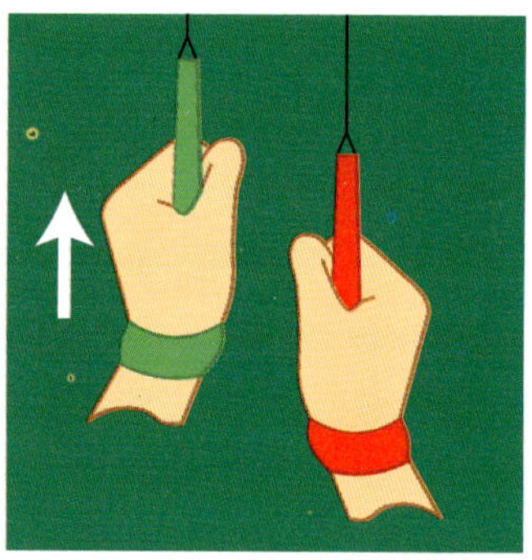

2 Ziehen Sie sanft an der linken Leine, um in den Looping einzutauchen. Gehen Sie dabei auf den Drachen zu, während er nach unten fliegt.

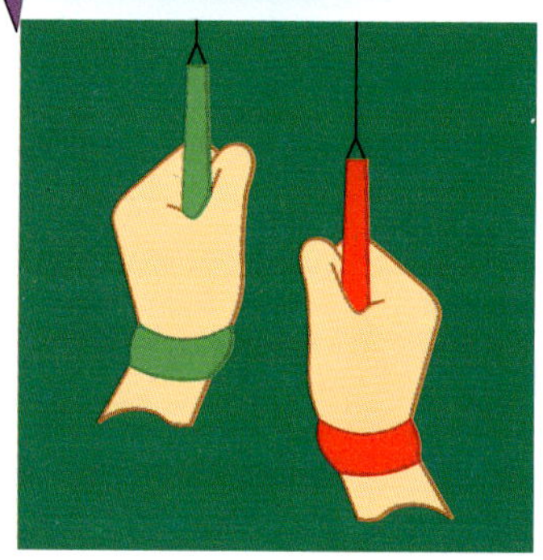

3 Wenn der Drachen am tiefsten Punkt des Loopings angekommen ist, sollten Sie rückwärts gehen, um ihm den Aufstieg zu erleichtern. Halten Sie Ihre Hände ruhig und bewegen Sie sie nur dann, wenn der Drachen auf seinem Rundkurs stabilisiert werden muß.

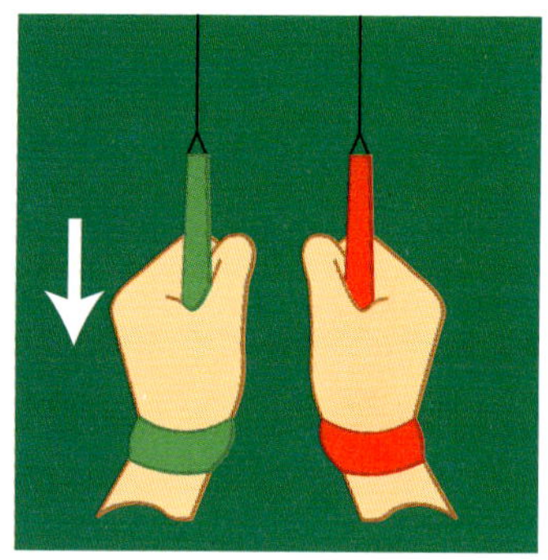

4 Führen Sie Ihre Hände wieder zusammen, sobald der Drachen die Spitze des Loopings erreicht hat und verlassen Sie die Figur wieder, indem Sie eine gerade, waagrechte Linie nach rechts fliegen. Sie werden nun eine Überkreuzung in Ihren Leinen feststellen, die Sie durch Zug an der linken Leine, wieder loswerden können.

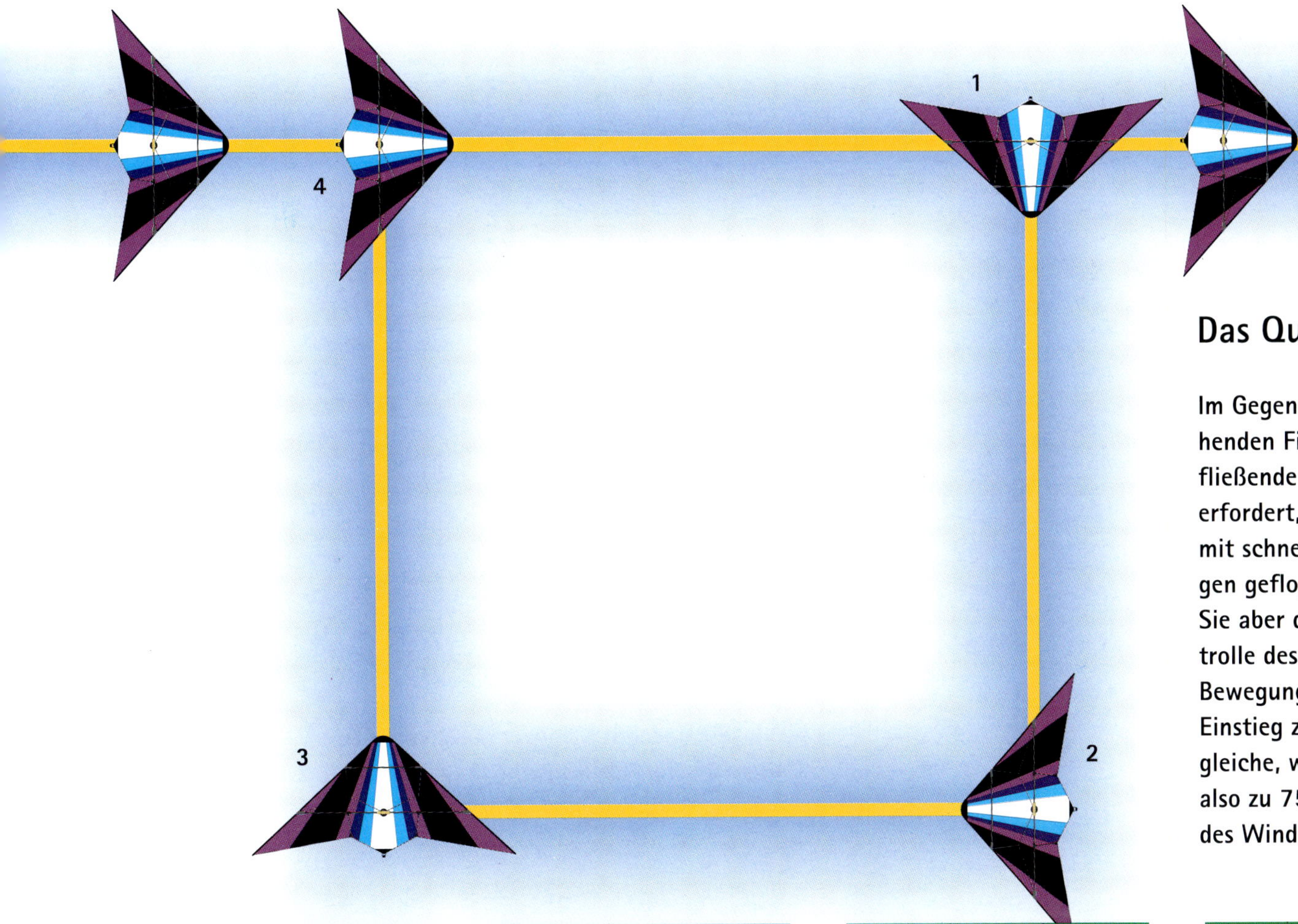

Das Quadrat

Im Gegensatz zur vorhergehenden Figur, die langsame, fließende Handbewegungen erfordert, muß das Quadrat mit schnellen Handbewegungen geflogen werden. Denken Sie aber daran, daß zur Kontrolle des Drachens nur kleine Bewegungen nötig sind. Der Einstieg zu dieser Figur ist der gleiche, wie beim Looping, also zu 75 % am linken Ende des Windfensters.

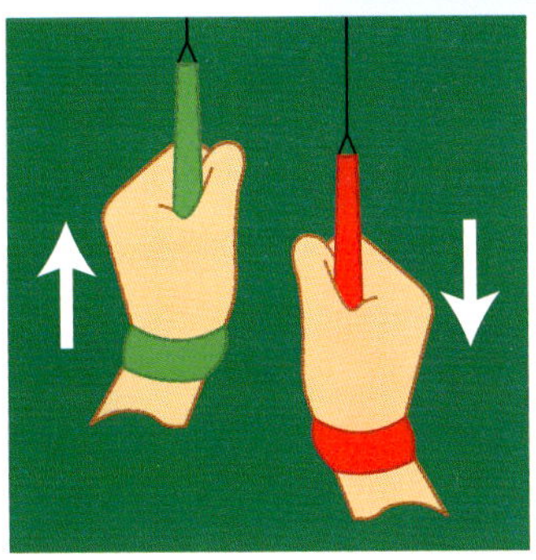

1 Fliegen Sie in einer horizontalen Linie bis knapp hinter das Zentrum des Windfensters, drehen Sie dann um 90° nach unten, indem Sie die rechte Leine an sich heranziehen und gleichzeitig die linke Hand nach vorne schieben und beide Hände sofort wieder auf gleiche Höhe bringen. Gehen Sie nach vorne.

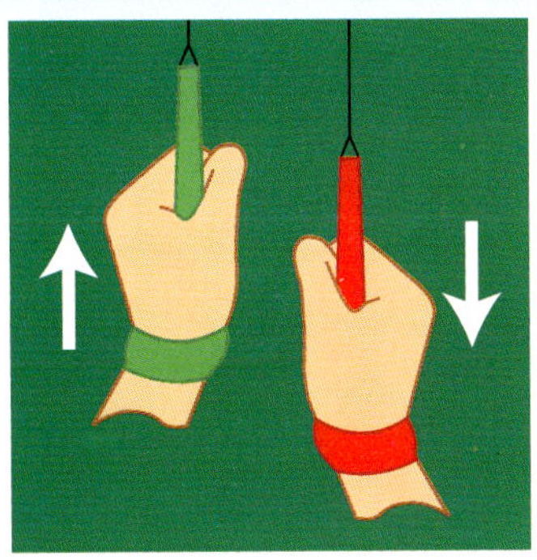

2 Wiederholen Sie die 90°-Drehung, indem Sie exakt die gleichen Handbewegungen durchführen wie zuvor, wenn sich der Drachen etwa in einer Höhe von 25 % des Windfensters befindet. Dieses Mal brauchen Sie jedoch nicht vorwärts zu gehen, da sich der Drachen horizontal fortbewegt.

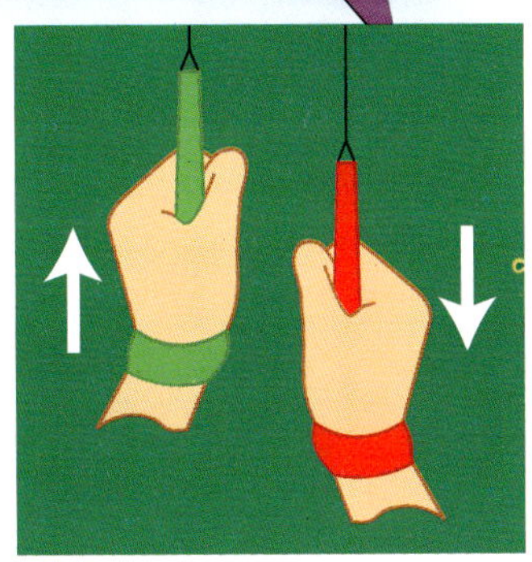

3 Die dritte Wende wird den Drachen auf den aufsteigenden Schenkel der Figur führen und Sie werden rückwärts gehen müssen, um dem Drachen während des Aufstiegs zu helfen, seine Geschwindigkeit beizubehalten.

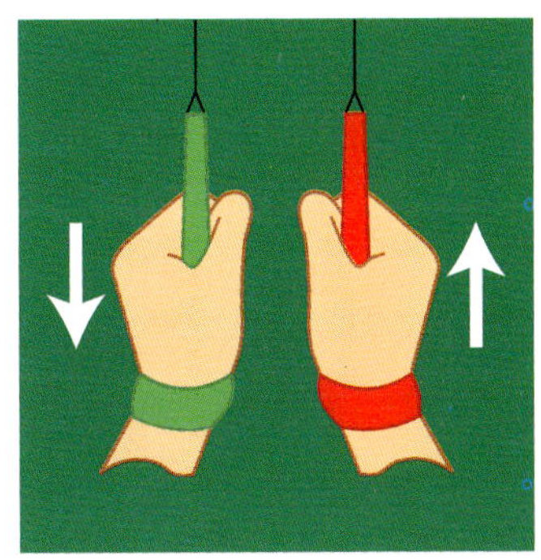

4 Führen Sie eine letzte 90°-Drehung durch, wenn der Drachen die gleiche Höhe erreicht hat, die er beim Eintritt in die Figur hatte. Verlassen Sie nun die Figur mit einer sanften horizontalen Linie, indem Sie Ihre Hände parallel halten.

Rechtsseitige Vorderkanten-Landung und erneuter Start

Um den Drachen auf seiner Vorderkante zu landen, müssen sie ihn einfach in einer diagonalen Linie nach unten auf die rechte Seite des Windfensters zusteuern und dabei auf ihn zugehen. Denken Sie daran, daß Sie um so schneller auf den Drachen zugehen müssen, je stärker der Wind ist, um seine Geschindigkeit zu regulieren. Schieben Sie die linke Hand nach vorne, wenn die Vorderkante des Drachens am Boden aufgekommen ist, um ihn nach hinten zu kippen und zu verhindern, daß er sich überschlägt.

Um aus dieser Position wieder abzuheben, müssen Sie sanft an der linken Leine ziehen, bis der Drachen fast umfällt. Ziehen Sie dann, während Sie ein paar Schritte zurückgehen, an beiden Leinen gleichzeitig und der Drachen sollte wieder abheben. Dieser Teil des Manövers muß sehr vorsichtig ausgeführt werden und erfordert etwas Übung. Die Durchführung ist bei jedem Drachentyp und auch jeder Windstärke immer etwas anders.

Wie alle anderen Manöver auf diesen Seiten, ist diese Figur auch in umgekehrter Reihenfolge durchführbar.

Landung auf den Flügelspitzen

Um den Drachen auf seinen Flügelspitzen zu landen, müssen Sie ihn erst einmal überziehen. Schieben sie kurz hintereinander beide Hände in einer schnellen Bewegung nach vorne, wenn der Drachen etwa 2 m vom Boden entfernt ist und gehen Sie dabei auch schnell nach vorne. Diese Bewegung wird dem Drachen den Wind aus dem Segel nehmen und er wird, während Sie auf ihn zugehen, zu Boden sinken und sanft auf seinen Flügelenden landen.

Ausladendere Handbewegungen und ein schnelleres Vorwärtsgehen können erforderlich sein, um den Drachen in stärkerem Wind zu landen.

Wie andere Manöver, die in diesem Kapitel beschrieben werden, ist es einfacher die Landung auf den Flügelspitzen bei schwachem Wind zu üben. Andererseits kann der Drachen, falls der Wind im Zentrum des Windfensters zu stark ist, auch am linken oder rechten Ende des Fensters gelandet werden.

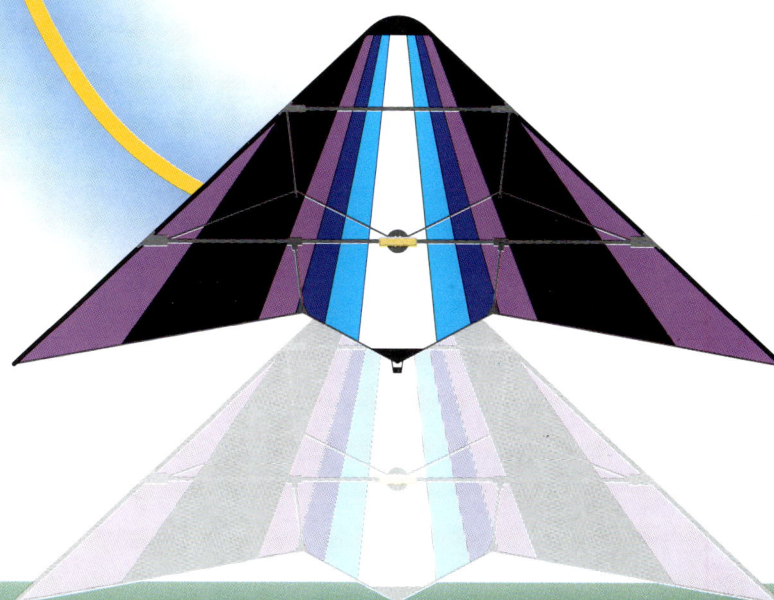

Starten und Fliegen eines Flexifoil-Power-Drachens

Hinweise zum Fliegen

Ort
Gut eignet sich ein weiter offener Platz ohne bodennahe Hindernisse.

Anzahl der benötigten Personen
Eine

Eignung für Kinder
Der kleine, 1,5 m breite Flexifoil ist für Kinder ab acht Jahren geeignet.

Schwierigkeitsgrad
Einer der einfachsten Sportdrachen zum Lernen. Größere Flexifoils oder Stapel erfordern jedoch einige Flugerfahrung.

Zusatzausrüstung
Glatte, unflexible Sportleine, gepolsterte Handschlaufen

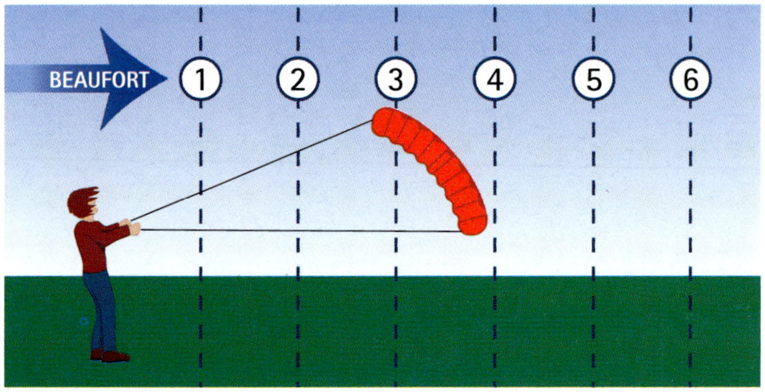

Dieser 1,8 m breite Flexifoil besitzt lediglich eine Strebe, die aus zwei zusammengebundenen Fiberglasstäben besteht. Diese werden mittels einer Messinghülse miteinander verbunden und sollten an ihrer Verbindungsstelle mit Klebeband gesichert werden. Der Stab wird dann in eine Tasche, die sich über die Vorderkante erstreckt, eingesetzt und die Flugleinen mit einer Reißfestigkeit von 70 kg an den Enden angebracht.

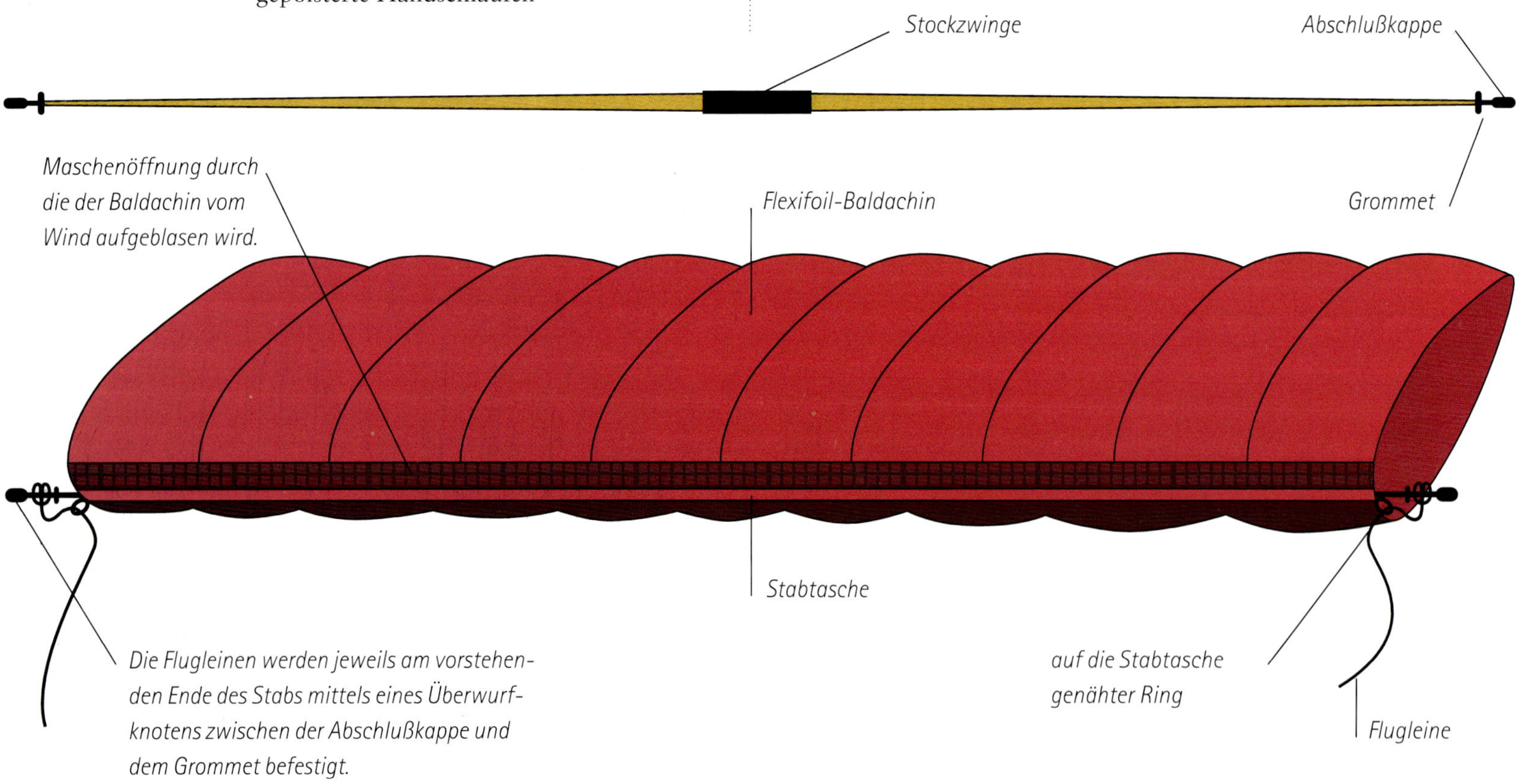

Starten

Flexifoils ziehen mehr als andere Drachentypen, so daß Sie sich wahrscheinlich nach hinten legen müssen, um der Kraft standzuhalten. Es ist außerdem ratsam, gepolsterte Handschlaufen zu verwenden, da diese bequemer sind.

Nachdem Sie die Leinen ausgerollt und befestigt haben, sollten Sie den Drachen umgedreht auf den Boden legen, damit er nicht abheben kann. Ziehen Sie dann an einer Leine, bis der Drachen herumgeschwungen ist und die Vorderkannte nun von Ihnen wegzeigt. In dieser Position wird der Wind das Segel umdrehen, so daß der Aerofoil richtig herum auf dem Boden liegt. Ziehen Sie dann mit gleicher Kraft an beiden Leinen bis der Drachen sich aufbläht und abhebt. Ein Flexifoil wird genauso gelenkt wie ein Swept-Wing-Kampfdrachen, aber seine graziösen, schwingenden Drehungen machen stärkere Bewegungen notwendig. Wegen der großen Zugkraft, die dieser Typ des Aerofoil-Drachens entwickelt wird, kann es vorkommen, daß Sie Ihre Arme ausruhen wollen, indem Sie ihn in irgendeine Ecke des Windfensters (siehe Seite 65) steuern. Dies ist besonders nützlich, falls Sie größere Drachen oder Stapel von Drachen in starkem Wind fliegen. Die Grundfiguren auf den folgenden Seiten werden Ihnen ein Gefühl dafür geben, wie sich dieser oftmals starke Drachen verhält.

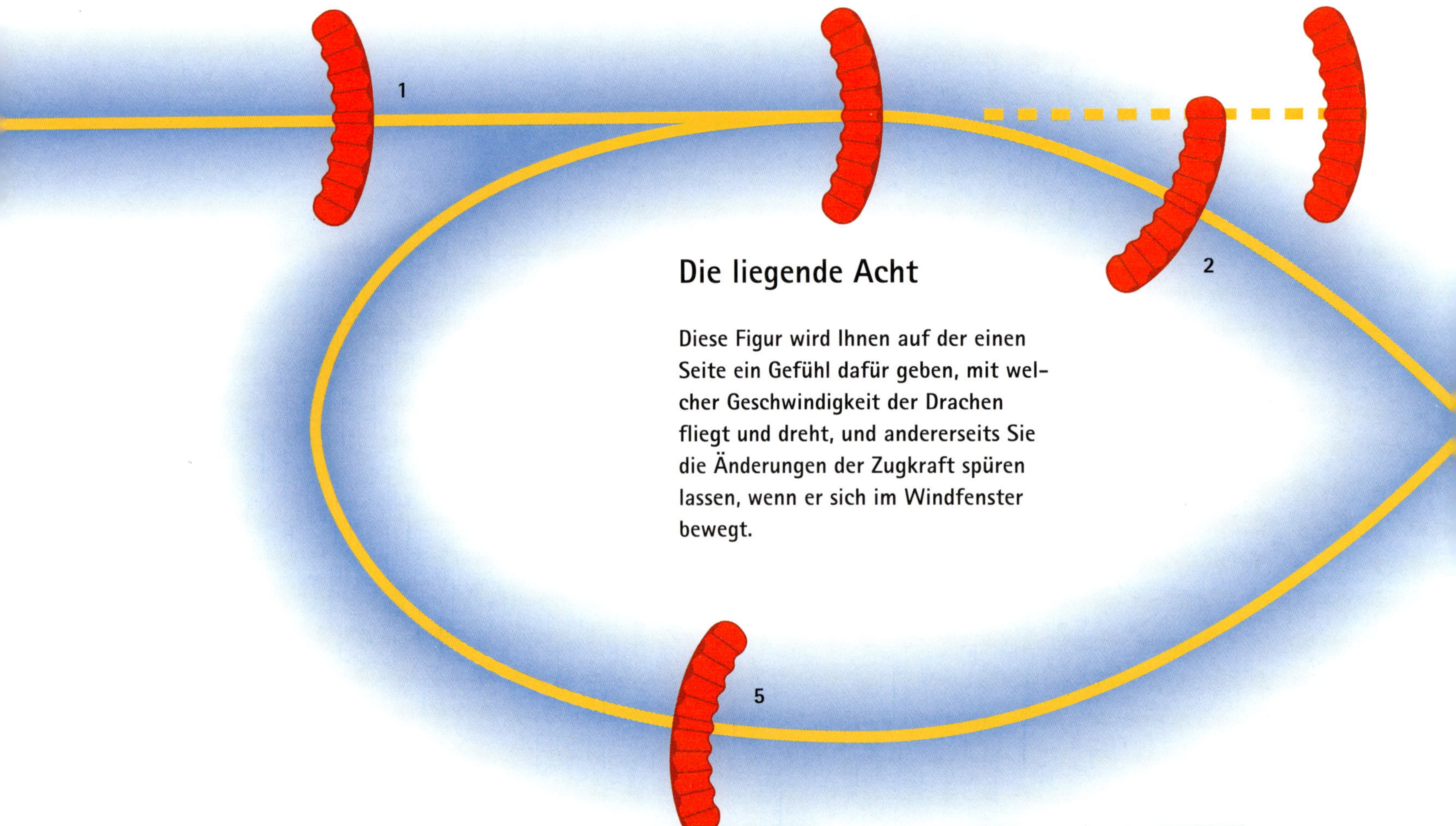

Die liegende Acht

Diese Figur wird Ihnen auf der einen Seite ein Gefühl dafür geben, mit welcher Geschwindigkeit der Drachen fliegt und dreht, und andererseits Sie die Änderungen der Zugkraft spüren lassen, wenn er sich im Windfenster bewegt.

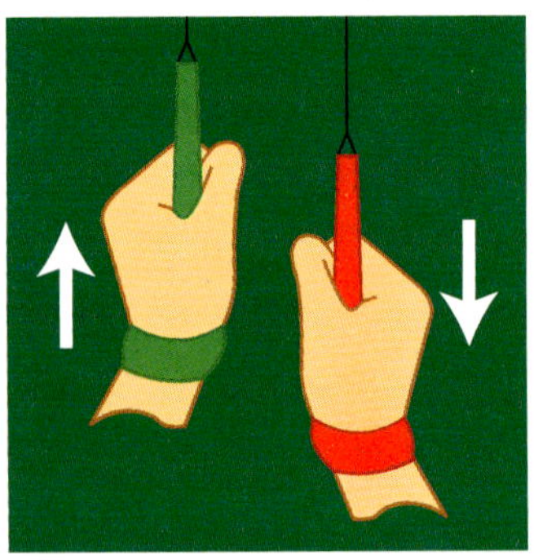

1 Treten Sie in die Figur von links in einer Höhe von etwa 75 % des Windfensters ein, indem Sie beide Hände zunächst auf gleicher Höhe halten und am Anfang der Figur an der rechten Leine ziehen und gleichzeitig die linke Hand nach vorne schieben. Achten Sie darauf, diese erste Abwärtsdrehung nicht zu steil durchzuführen, um das gesamte Windfenster auszunützen.

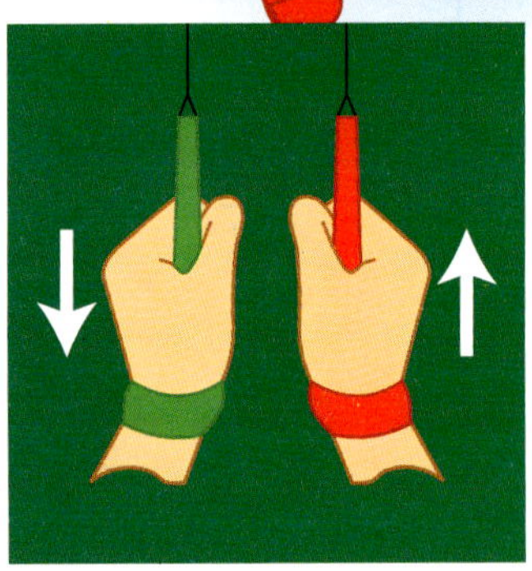

2 Bringen Sie ihre Hände wieder langsam auf gleiche Höhe, um diesen diagonalen Schenkel der Figur weiterzufliegen. Wenn der Drachen das Zentrum des Windfensters kreuzt, werden Sie eine Zunahme der Zugkraft spüren und sich nach hinten legen, wobei Sie Ihr Körpergewicht durch Hintereinanderstellen Ihrer Füße unterstützen.

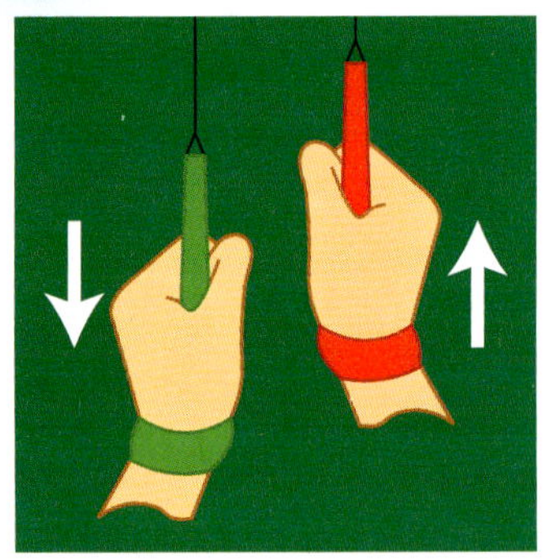

3 Sie erreichen nun eine Höhe von etwa 25 % am rechten Ende des Windfensters, wo Sie den Drachen in eine Aufwärtsdrehung manövrieren sollten, indem Sie die linke Leine zurückziehen und die rechte Leine vorschieben. Denken Sie daran, sanfte, fließende Bewegungen auszuführen, um der Kurve in dieser Figur zu folgen.

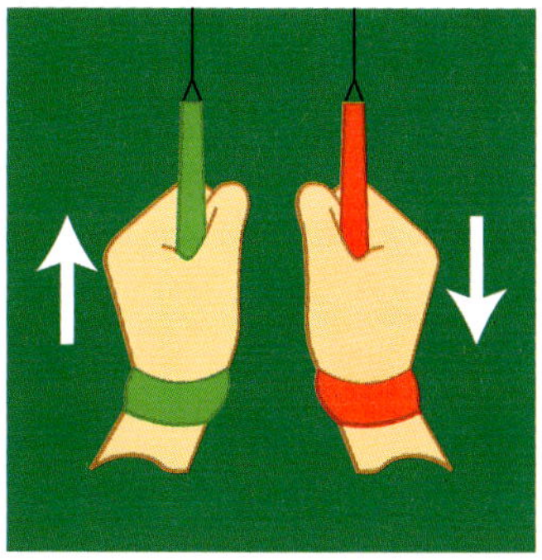

4 *Wenn der Drachen in einer Kurve bis auf eine Höhe von etwa 75 % an der rechten Seite des Windfensters angestiegen ist, sollten Sie Ihre Hände wieder auf gleiche Höhe bringen, um den Drachen auf Kurs für die zweite Abwärtsdiagonale zu dirigieren und den Pfad der ersten im Zentrum des Windfensters zu kreuzen.*

Hinweis

Wenn sie einen Flexifoil Power-Drachen zum ersten Mal verwenden, sollten Sie bei mäßigem Wind fliegen, da die Kraft und die Geschwindigkeit bei starkem Wind dramatisch zunehmen kann.

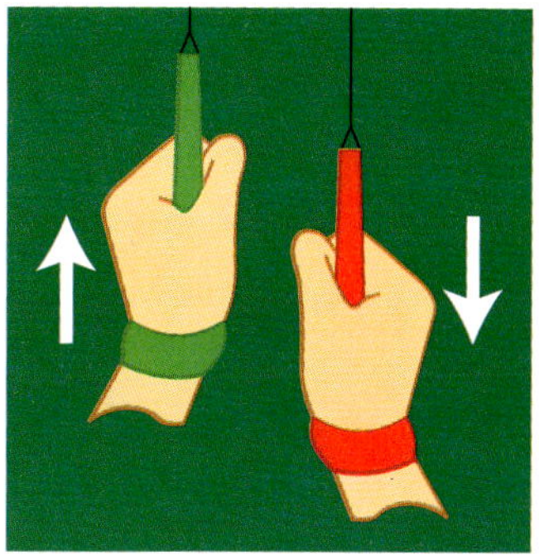

5 *Wenn der Drachen am rechten Ende des Windfensters eine Höhe von etwa 25 % erreicht hat, müssen Sie die rechte Hand zurückziehen und die linke Hand vorschieben, so daß sich der Drachen wieder aufrichtet und in einer Kurve nach oben fliegt, bis er den Ausgangspunkt der Figur erneut erreicht hat.*

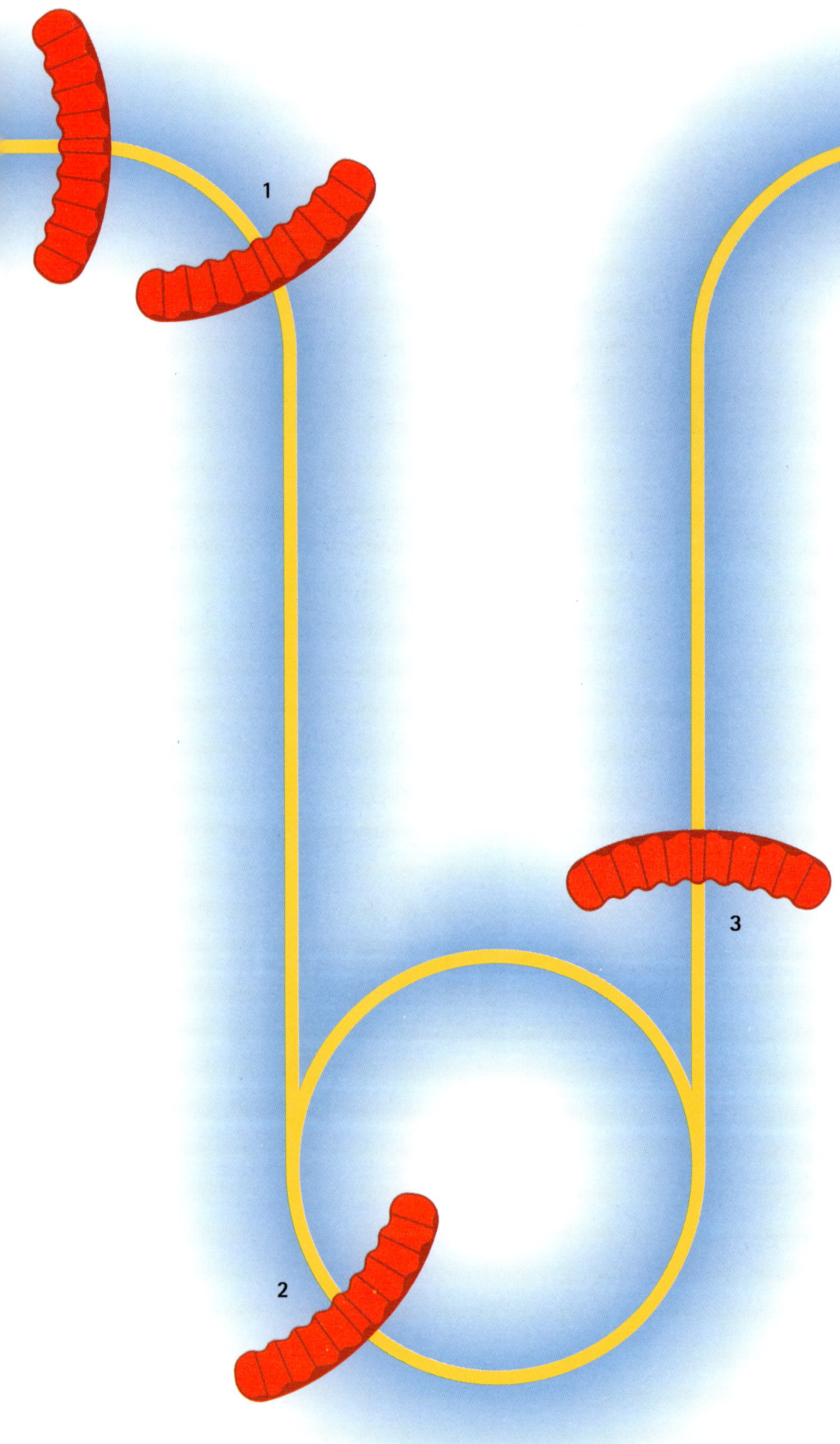

Sturzflug und Rolle

Achten Sie darauf, daß niemand unterhalb des Drachens steht, da er mit beträchtlicher Geschwindigkeit direkt nach unten fliegt.

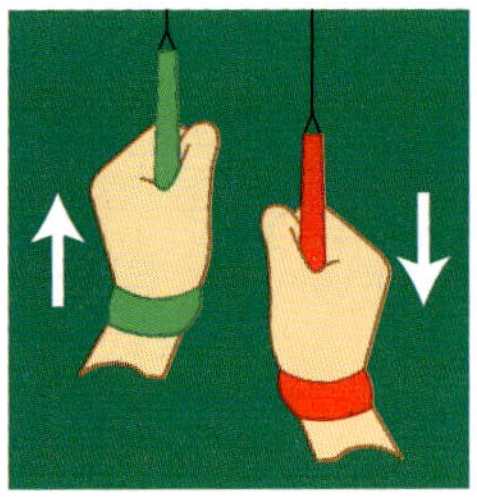

1 Beginnen Sie die Figur am oberen linke Ende des Windfensters und drehen Sie den Drachen bodenwärts, indem Sie die linke Hand nach vorne schieben und die rechte Hand gleichzeitig zurückziehen. Bringen Sie beide Hände auf gleiche Höhe, damit er sich in einer geraden Linie nach unten bewegt.

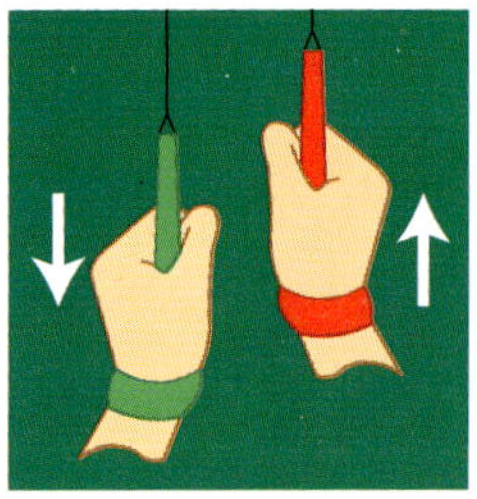

2 Bei einer Höhe von etwa 2 m über dem Boden müssen Sie stark an der linken Leine ziehen, dabei gleichzeitig die rechte nach vorne stoßen und diese Position halten, bis der Drachen den im Diagramm gezeigten Kreis geflogen ist.

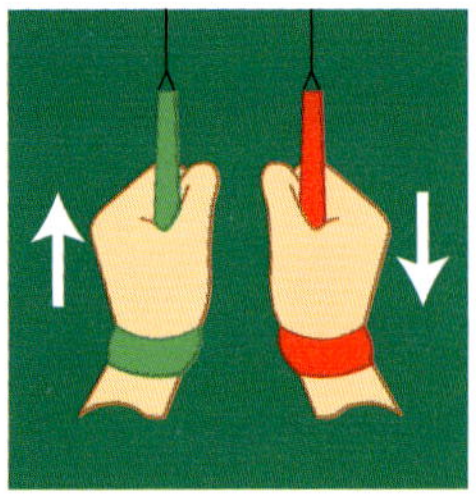

3 Stellen Sie ihre Hände wieder parallel und der Drachen wird erneut zur Spitze des Windfensteres aufsteigen.

Starten und Fliegen eines Flexifoil-Stapels

Flexifoils können auf einfache Weise miteinander verbunden werden, um eine höhere Zugkraft zu erreichen. Die Drachen werden mittels einer Reihe von Stapelleinen in einem Abstand von annähernd 2 m zwischen jedem Drachen miteinander verbunden. Die Stärke der Flugleinen muß wegen der höheren Zugkraft allerdings erhöht werden. Flexifoil-Stapel werden zum Ziehen von Buggies, Booten u. a. benutzt.

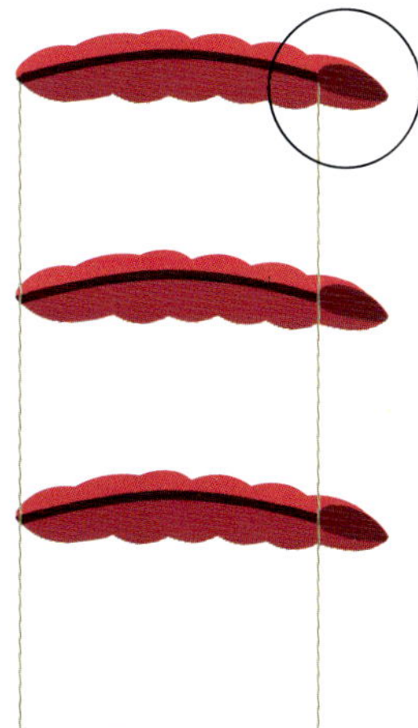

1 Es ist ratsam, einen Kopiloten zur Hand zu haben, da die übliche Flip-Start-Methode durch die zusätzlichen Drachen erschwert wird. Wenn die Drachen und Leinen vorbereitet sind, stellt der Kopiloten sicher, daß jeder einzelne Baldachin vom Wind aufgebläht wird – ein ungleichmäßig gefüllter Stapel würde außer Kontrolle geraten. Die Verbindungsleinen müssen alle exakt gleich lang sein, da ein nicht ausbalancierter Stapel von Drachen extrem schwer zu bändigen ist, besonders in starkem Wind.

2 Sobald der Stapel in der Luft ist, bewegt er sich mit der gleichen Geschwindigkeit wie ein einzelner Drachen fort, aber mit weit größerer Kraft. Aus diesem Grund hat es sich bewährt, einen Stapel bei mäßigem Wind zu testen. Wenn Sie den Stapel kontrollieren wollen, sollten Sie die „Liegende Acht" bei starkem Wind ausprobieren. Die Bewegung wird die Zugkraft stark genug erhalten, um sie windabwärts zu ziehen. Diese Erfahrung ist als „Jagen" bekannt, die einfach durch das sich gegen die Zugkraft des Drachens Lehnens, kontrolliert werden kann.

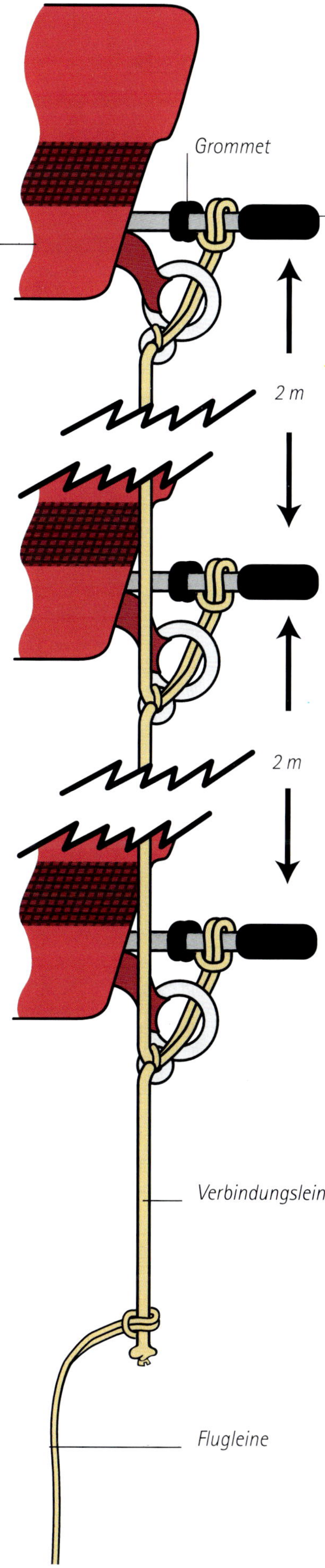

Starten und Fliegen eines vierleinigen Revolution

Hinweise zum Fliegen

Ort
Der Revolution wird oft mit kurzen Leinen geflogen und ist somit ideal für Parkanlagen in der Stadt.

Anzahl der benötigten Personen
Eine

Kinder
Der Revolution mit einer Spannweite von 1,5 m kann von einem zehnjährigen Kind geflogen werden.

Schwierigkeitsgrad
Erfordert Übung, da sich die Handbewegungen von denen bei zweileinigen Drachen unterscheiden.

Zusatzausrüstung
Glatte, unelastische Sportleine, Bodenanker

Der Revolution wird Ihre Flugkünste auf die Probe stellen, da ihn sein vierleiniges Kontrollsystem zu einem der empfindlichsten Lenkdrachen macht. Die folgenden Hinweise geben Ihnen eine Einführung in die Vierleinen-Technik.

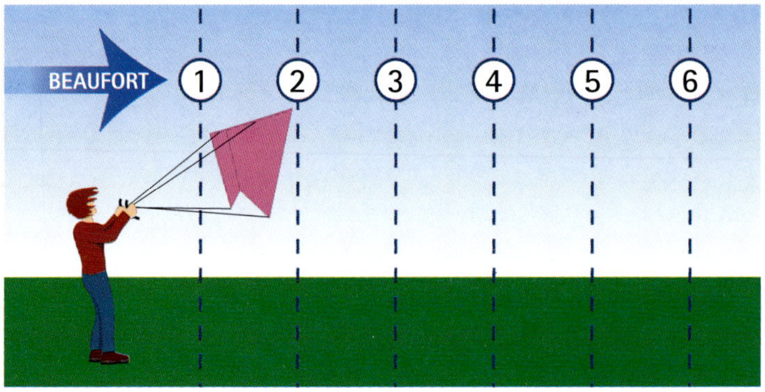

1 Setzen Sie den Revolution zusammmen, indem Sie Vorderkantenstäbe aus Kohlefaser miteinander verbinden und die zwei senkrechten Stäbe anbringen. Spulen Sie die Leinen ab und binden Sie die einen Enden an die Waage des Drachens, die anderen Enden an die korrespondierenden Ringe jedes geschwungenen Alu-Griffs.

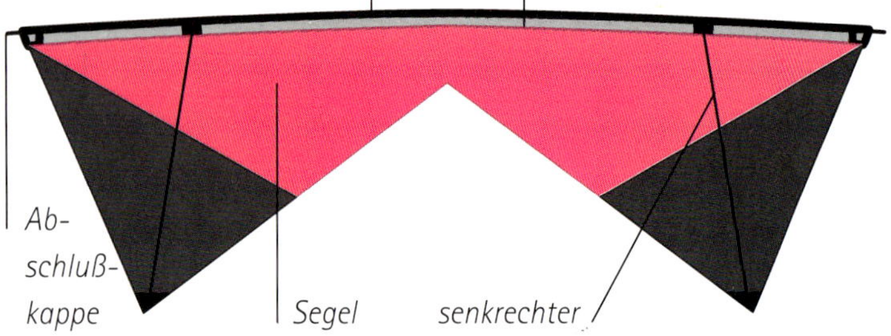

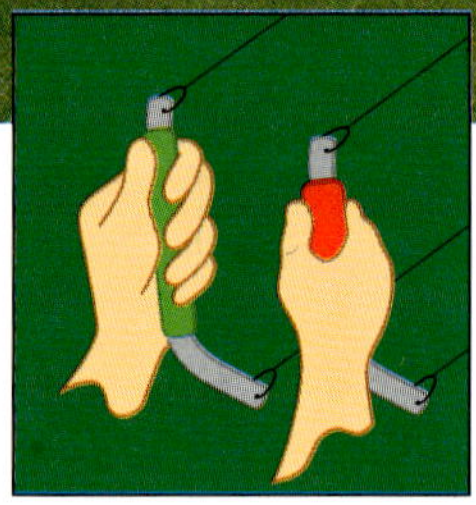

Kippen Sie die Griffe nach hinten.

2 Setzen Sie den Drachen zum Starten wie gezeigt senkrecht auf den Boden. Halten Sie die Griffe am gepolsterten, oberen Ende, um eine bessere Kontrolle zu erzielen. Halten Sie Ihre Hände nahe zusammen, kippen Sie die Griffe nach hinten und gehen Sie einen Schritt zurück. Der Drachen sollte dann vom Boden abheben.

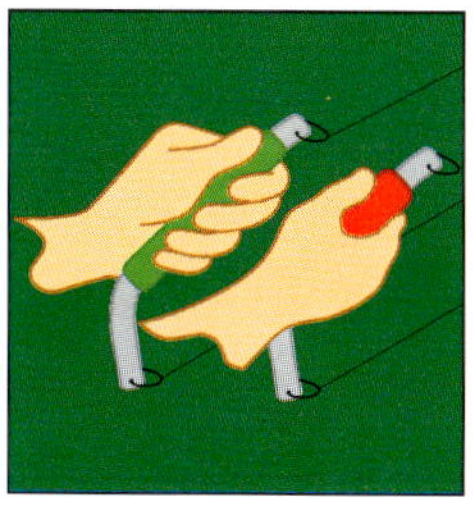

Griffe nach vorne kippen.

3 Um den Drachen zurückzuführen, kippen Sie die Griffe einfach wieder nach vorne und er wird auf seine Ausgangsposition zurückkehren. Obwohl das unglaublich einfach klingt, werden Sie schnell herausfinden, daß die kleinste Abweichung in der Handbewegung den Drachen dazu veranlaßt etwas zu tun, das Sie nicht erwarten. Die Geheimnisse des erfolgreichen Revolution-Fliegens sind Geduld, Konzentration und sehr viel Übung.

4 Wenn Sie einmal die vertikalen Start- und Landetechnik beherrschen, wollen Sie sicherlich andere Manöver ausprobieren. Versuchen Sie einen Griff nach vorne, den anderen nach hinten zu kippen. Dadurch wird der Drachen um seine zentrale Achse kreisen. Um die Bewegung zu stoppen, müssen Sie lediglich die Hände wieder in die gleiche Stellung bringen und in die entgegengesetzte Richtung kippen, um die Drehung umzukehren.

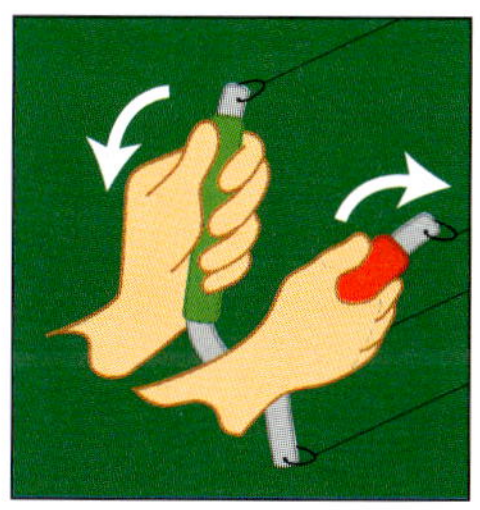

Der Drachen rotiert, wenn Sie den linken Griff nach hinten und den rechten Griff nach vorne kippen.

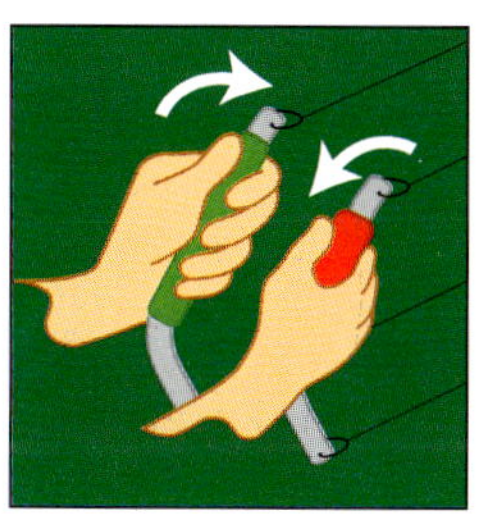

Gegen die Uhrzeigerrichtung verfahren Sie gegengleich.

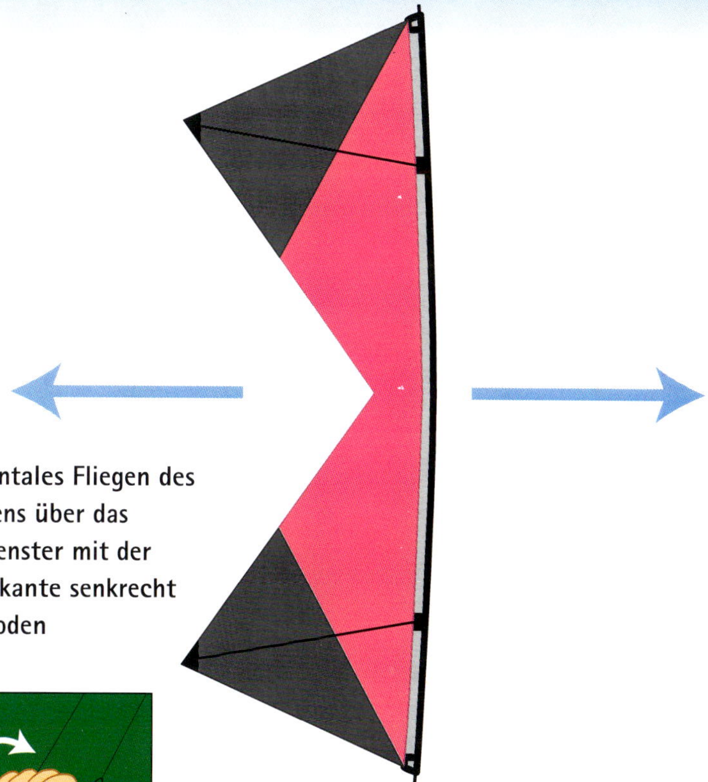

Horizontales Fliegen des Drachens über das Windfenster mit der Vorderkante senkrecht zum Boden

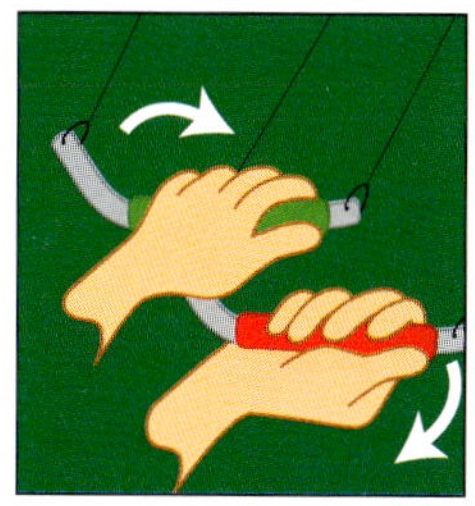

Wenn die Vorderkante rechts der Hinterkante ist, wird Ihre linke Hand etwas über der rechten sein. Kippen Sie beide Griffe nach hinten, um vorwärts zu fliegen.

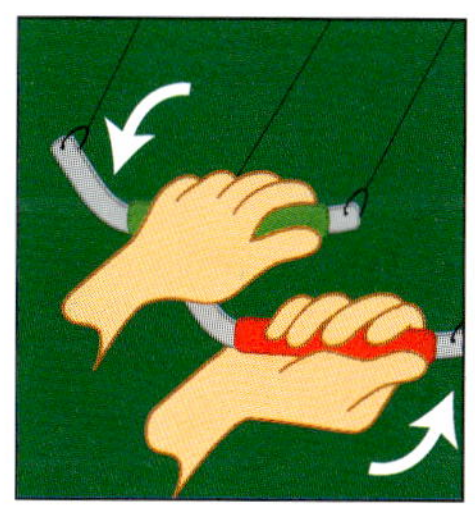

Kippen Sie beide Griffe nach vorne, um die Flugrichtung umzukehren und dabei die Vorderkante senkrecht zu halten.

5 Eine der grundlegensten Fähigkeiten beim Revolution-Fliegen liegt darin, den Drachen an jeder Stelle des Windfensters für eine unbegrenzte Zeit in der Luft stehen zu lassen. Von einem festen Punkt ausgehend, können Sie die Effekte einer nahezu unbegrenzten Anzahl an Handbewegungen trainieren, bis sie den Drachen vollkommen beherrschen.

6 Die Länge der Flugleine hat einen nicht zu unterschätzenden Effekt auf die Geschwindigkeit des Drachens. Je kürzer die Leine ist, desto schneller scheint er auf die Kontrollen zu reagieren.

Basteln Sie Ihren eigenen Drachen

Den eigenen Drachen zu basteln muß nicht unbedingt schwierig sein. Der Schlittendrachen wurde wegen seiner Einfachheit als Einführungs-Projekt gewählt, gefolgt von acht weiteren Entwürfen mit steigender Komplexität.

Werkzeuge und Materialien

Viele der in dieser Abbildung gezeigten Materialien können in speziellen Drachenläden gekauft werden.
Eine Liste von nützlichen Adressen auf der ganzen Welt finden Sie außerdem auf Seite 122.
Ripstop-Nylon wird für die Herstellung von Spinnacker-Segeln verwendet und kann deshalb auch bei den meisten Yachthändlern gefunden werden.
Wenn Sie irgendein Material ersetzen müssen, dann suchen Sie Alternativen, die leicht und haltbar sind. Materialien für das Segel sollten sich so wenig als möglich in einer starken Brise dehnen. Stäbe sollten sich etwas biegen ohne zu brechen, da Sie im Flug stark beansprucht werden.

Die Werkzeuge, die man zum Drachenbauen benötigt, findet man im allgemeinen in Heimwerkermärkten oder im Kurzwarenhandel. Eine Nähmaschine ist nicht unbedingt erforderlich, da die Säume auch per Hand mit Nadel und Faden zusammengenäht werden können. Diese Aufgabe kann sich allerdings als sehr arbeitsreich erweisen, vor allem bei einem stablosen Drachen, der eine Vielzahl von Säumen hat.
Als Faustregel kann gelten, daß größere Nylonsegel immer genäht werden sollten, da Leim dem Luftdruck, der auf den Nähten lastet, nicht standhält.

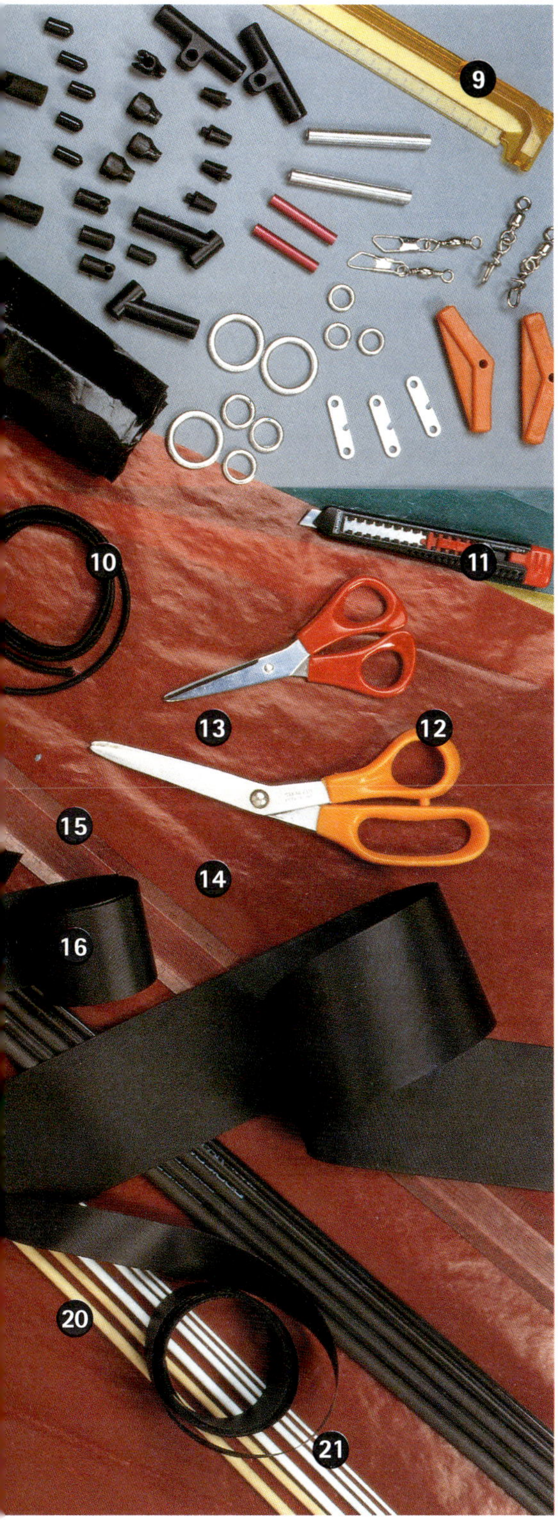

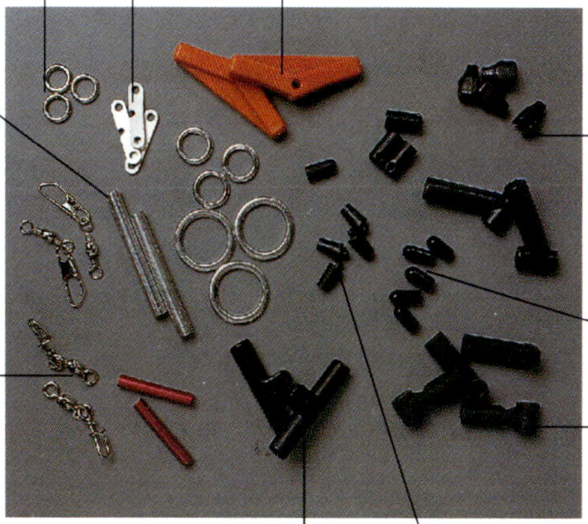

1 *Transparentpapier*

2 *Klebeband*

3 *Nähseide aus Polyester, die zu Ripstop-Nylon paßt.*

4 *Ripstop-Nylon gibt es in einer Vielzahl an Farben und vereinigt geringes Gewicht mit hoher Reißfestigkeit. Ein feines Raster ist in das Gewebe eingearbeitet, um ein Dehnen und Verziehen zu vermindern.*

5 *Lötkolben*

6 *Locheisen*

7 *Karton, um Schablonen herzustellen.*

8 *Abfallsäcke aus Plastikfolie können durchaus zum Drachenbauen verwendet werden. Wählen Sie aber nur starke Folien, um ein Verziehen zu vermeiden.*

9 *Lineal*

10 *Gummiband*

11 *Bastelmesser*

12 *Schneiderschere*

13 *kleine Schere zum Ausschneiden von Mustern*

14 *Seidenpapier*

15 *Meterstab*

16 *Verstärkungsband aus Dacron*

17 *Stäbe aus Kohlefaser*

18 *Leim*

19 *Metallsäge*

20 *Holzstäbe*

21 *Glasfiberstäbe*

STERN-BEWERTUNG

Der Schwierigkeitsgrad der neun Drachen in diesem Kapitel ist sehr unterschiedlich, aber die folgende Bewertung nach Sternen wird Ihnen auf einem Blick zu erkennen geben, welche Arbeitsschritte für jeden Drachen nötig sind:

★
schnell und einfach, kein Sägen erforderlich

★★
Das Segel ist einfach herzustellen, aber der Rahmen ist etwas schwieriger. Sägen ist nicht erforderlich.

★★★
Sägen ist erforderlich.

★★★★
Sägen ist erforderlich. Die Justierung der Waage ist schwierig, besonders beim kleinen Stunter.

★★★★★
Sehr präzises Schneiden und Sägen ist erforderlich. Mehrere Doppelwaagen müssen justiert werden.

★

Der Müllsack-Schlitten

Dieser Schlitten ist ein perfekter Drachen für Workshops oder Bastelstunden, da er in ca. 30 Minuten aus einfachen Materialien gebaut werden kann.

SIE BENÖTIGEN:

einen starkwandigen Müllsack

zwei 45 cm lange, Holz- oder Bambusstäbe mit 4 mm Durchmesser

starkes Klebeband

15 m Nylon- oder Baumwollschnur mit einer Reißfestigkeit von ungefähr 10-15 kg

farbige Einkaufsbeutel (je nach Geschmack)

Metermaß

Filzstift

Bastelmesser

Locheisen

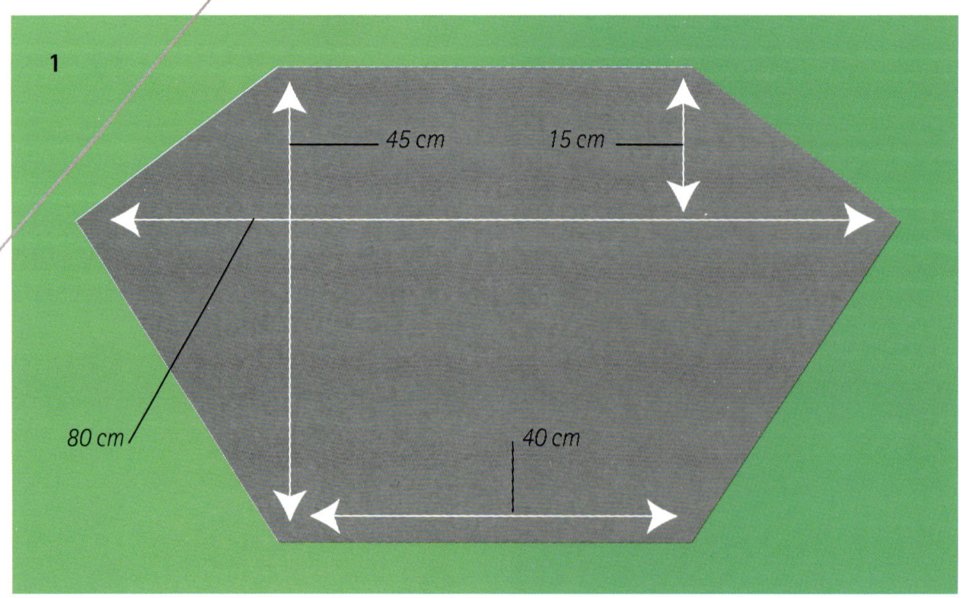

1 Markieren Sie auf einem dicken Stück Karton die Umrisse und Größen wie angegeben. Daraus entsteht die Schablone. Schneiden Sie die Schablone aus und legen Sie sie auf eine ausgebreitete Mülltüte. Schneiden sie die Form der Schablone aus – das wird Ihre Grundform.

2 Befestigen Sie die Stäbe an den angegebenen Stellen mittels 5 cm langen Klebebandstreifen.

3 Verstärken Sie die äußeren Flügelspitzen mit Klebeband von 2,5 cm Länge und schneiden Sie ein kleines Loch in jede Ecke. Die Verstärkung an den Ecken ist entscheidend, da an diesen Stellen später die Waagleinen befestigt werden.

2

3

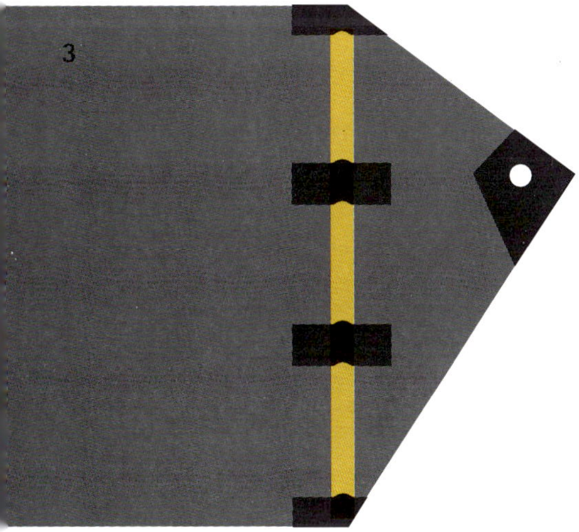

4

4 Messen und schneiden Sie ein Stück Leine ab, das der dreifachen Breite des Drachens von Flügelspitze zu Flügelspitze entspricht (in diesem Fall 2,4 m). Binden Sie jeweils ein Ende an die verstärkten Flügelspitzen.

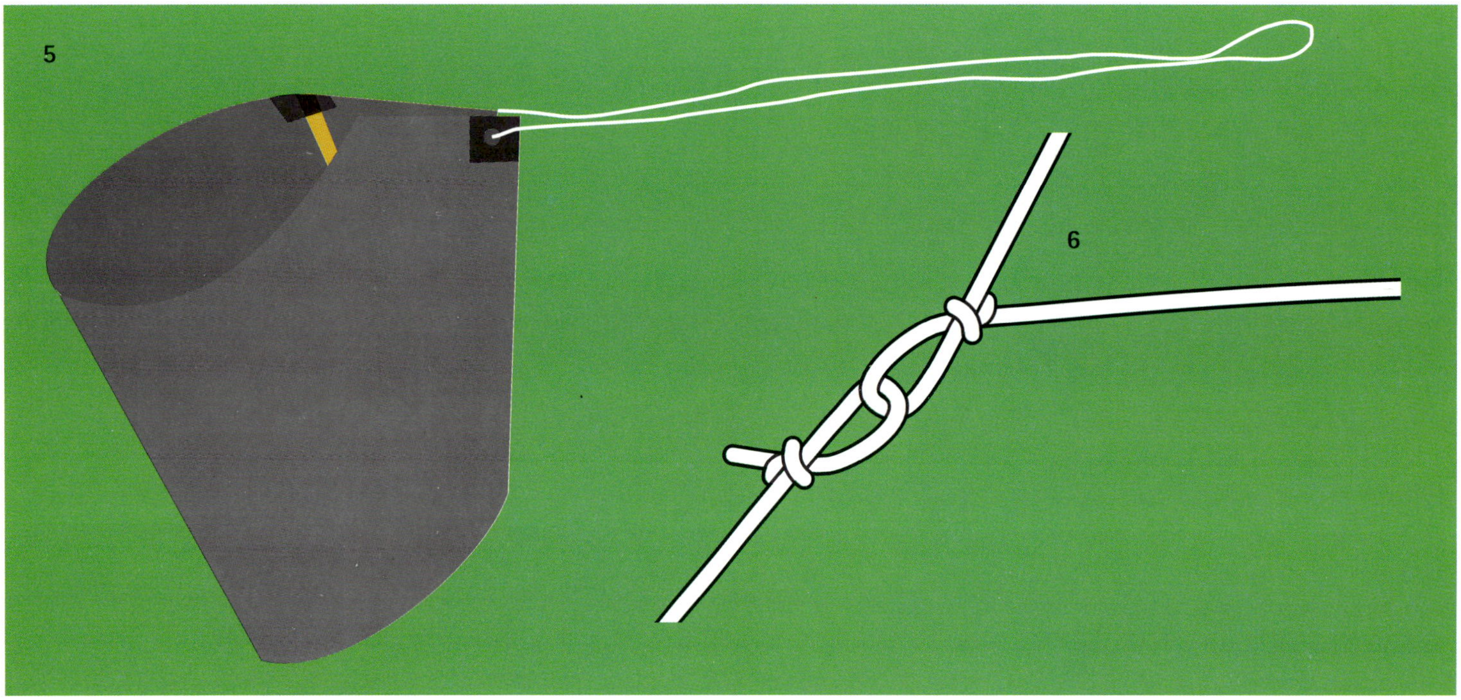

5 Sie finden das Zentrum der Waage, indem Sie den Drachen in der Mitte falten und die Leine straffen. Schlingen Sie am Ende eine Schlaufe, an der die Flugleine befestigt werden kann. Alternativ kann auch ein O-Ring durch einen Überwurfknotens befestigt sein.

6 Knoten Sie die Flugleine an die Schlaufe – ersatzweise kann man auch einen Wirbelhaken verwenden – der Waage, und der Drachen ist bereit zum Fliegen.

Wenn Sie nicht schon eine Drachenkurbel besitzen, können Sie einen passenden Ersatz in einer leeren Plastikflasche finden. Sie brauchen die Flasche noch nicht einmal zu bearbeiten, damit Sie Ihren Anforderungen gerecht wird (siehe Abbildung), aber Sie können sie mit Sand füllen, so daß sie als guter Bodenanker dient.

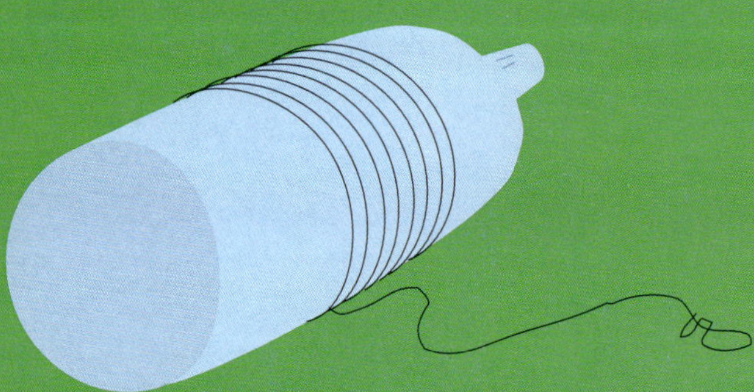

WUSSTEN SIE ÜBRIGENS, DASS

Drachen in ihrer Größe verändert werden können – man muß allerdings das Materialgewicht und die Stärke in die Überlegungen mit einbeziehen.

Der größte bisher gebaute Drachen 1980 von einem Team in Holland entwickelt wurde. Er war 14 m hoch und besaß eine Spannweite von 23 m.

TIPS

VERZIERUNG

Dekorieren Sie einen Müllsack-Schlitten, indem Sie kleine Muster aus dem Mittelteil des Segels herausschneiden und die Stellen von der Rückseite her mit farbigen Flicken aus alten Plastiktüten überkleben. Von der Vorderseite ausgesehen, erweckt dies den Eindruck von bemaltem Glas.

SCHLEIFENSCHWANZ

Für zusätzliche Stabilität in stärkerem Wind kann ein langer Schwanz aus Folienresten gebastelt werden, indem man die Stücke zusammenklebt. Befestigen Sie jeweils ein Ende an jedem Stab, um eine Schleife zu bilden.

AUSSCHNEIDEN VON LÖCHERN

Eine Methode, das Flugverhalten zu stabilisieren, besteht darin, zwei runde Löcher mit einem Durchmesser von ca. 10 cm aus der unteren Hälfte des Drachenmittelteils zu schneiden.

Der Square-Dancer

Der kleine Drachen ist eine Abwandlung des indischen Kampfdrachens und kann in kurzer Zeit zusammengebaut werden. Die größeren Exemplare benötigen stabilere Konstruktionsmethoden, ähnlich denjenigen, die bei dem Malaien auf den Seiten 96–99 Verwendung fanden.

Sie benötigen:

Ein Quadrat aus Plasikfolie (von einer alten Tragetasche) mit einer Kantenlänge von 30 cm

Einen Holzstab mit 43 cm Länge und 4 mm Stärke

Einen biegsamen Fieberglas-Stab, 3 mm stark und mit einer Länge von 51 cm

15 m einer Nylon- oder Baumwollschnur mit einer Reißfestigkeit von 10 bis 15 kg

starkes Klebeband

Schere oder Bastelmesser

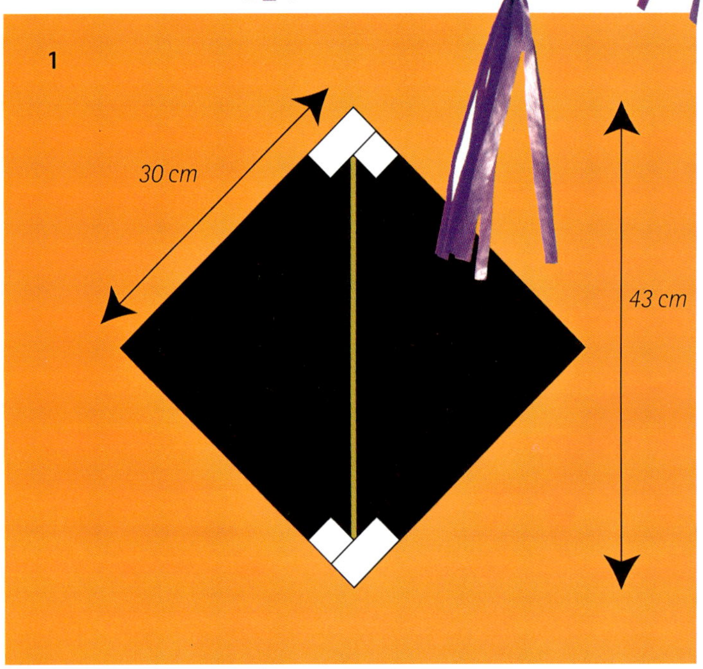

1 Schneiden Sie aus Plastikfolie das Quadrat, breiten Sie es aus und legen Sie den Holzstab diagonal, wie abgebildet, darauf. Befestigen Sie den Stab in dieser Position mittels Klebeband an der oberen und unteren Ecke des Segels und falten Sie das Klebeband auch nach hinten um, damit der Stab wirklich festsitzt.

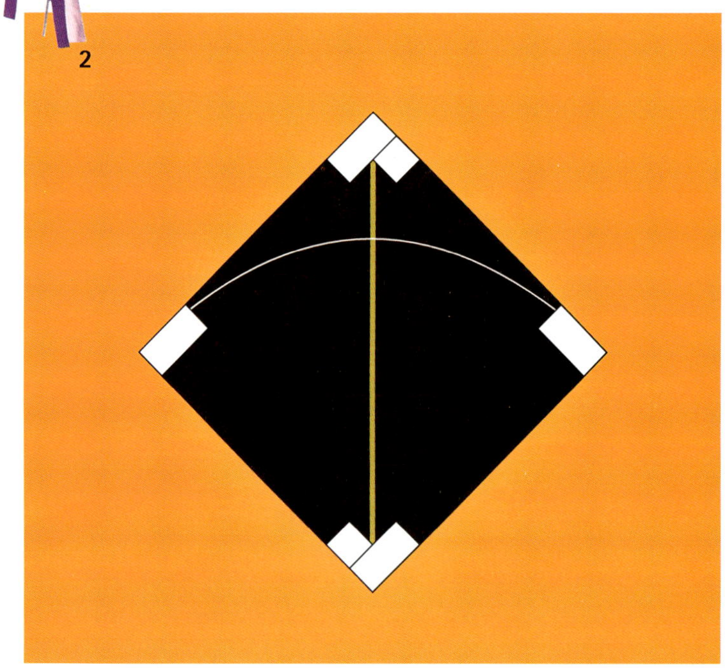

2 Kleben Sie nun jedes Ende des Glasfiberstabs an die zwei äußeren Flügelspitzen, um einen Querstab zu bilden. Falten Sie auch hier die Klebebandstreifen nach hinten um. In diesem Fall verwenden Sie am besten doppelseitiges Klebeband, da die Flügelspitzen dem erhöhten Druck des gebogenen Querstabes standhalten müssen.

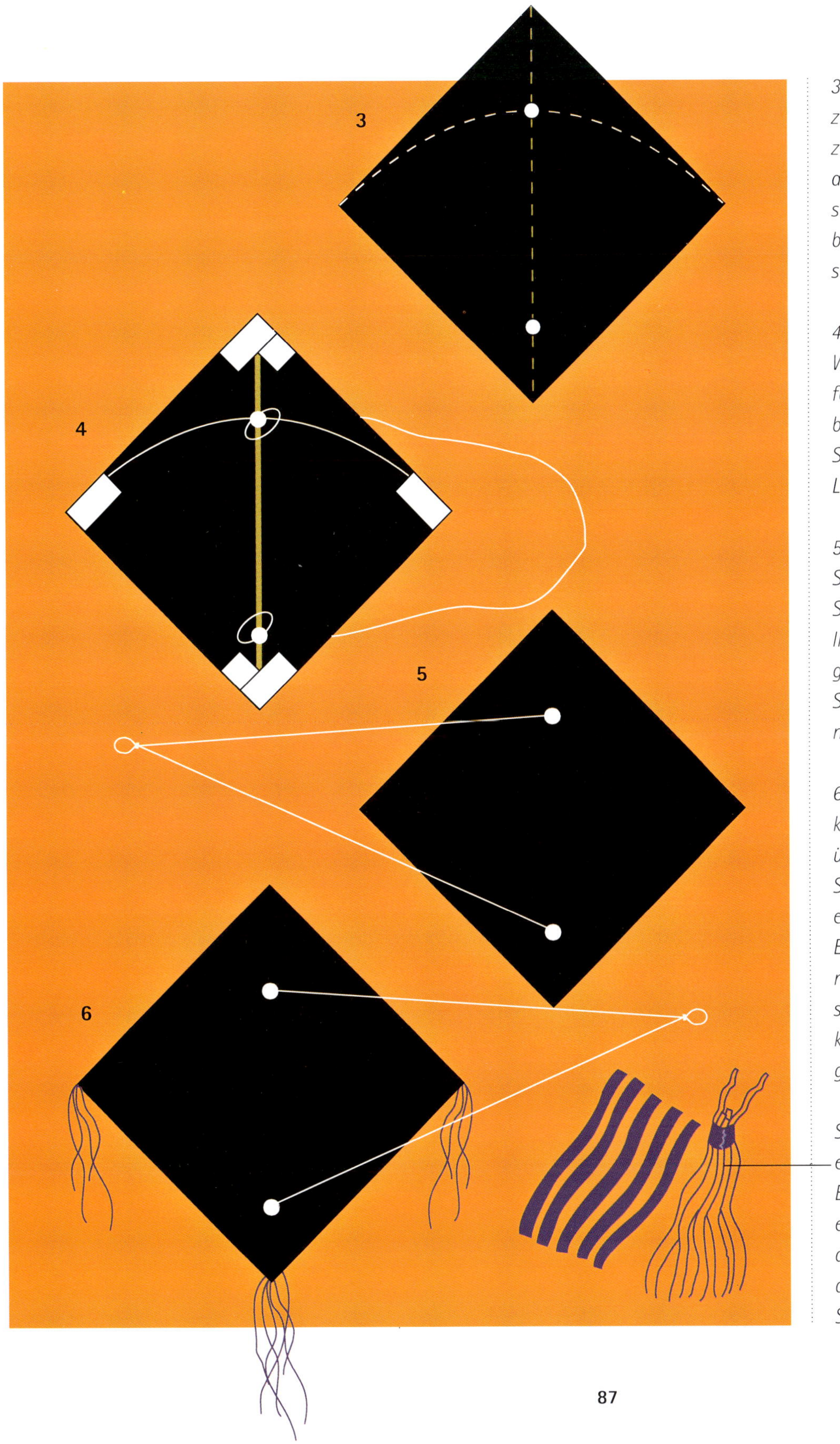

3 Drehen Sie den Drachen um und bringen Sie zwei kleine Löcher an; eines an der Kreuzungsstelle von Längs- und Querstab, das andere 2,5 cm vom unteren Ende des Längsstabs entfernt. Kleben Sie ein Stück Klebeband um die Lochstellen zu verstärken und stanzen Sie mit dem Locheisen die Löcher aus.

4 Fertigen Sie für den Square-Dancer eine Waage: schneiden Sie 1 m von der Leine ab, fädeln Sie die Enden durch die Löcher und binden Sie diese am Längsstab fest. Denken Sie daran, den oberen Teil der Waage über Längs- und Querstab zu schlingen.

5 Bestimmen Sie den Anstellwinkel, indem Sie die Leine straffziehen, bis der obere Schenkel knapp unterhalb der Horizontalen liegt. Knüpfen Sie eine Schlinge als Befestigungspunkt für die Leine. Die Position dieser Schlinge kann zur Anpassung an verschiedene Windstärken verändert werden .

6 Um den Drachen dekorativ zu gestalten, kann man ihn mit Quastenschwänzen von übriggebliebenen Plastikfolien verzieren. Schneiden Sie aus der restlichen Plastikfolie einige Streifen und binden Sie diese an einem Ende mit Klebeband zusammen. Knoten Sie noch ein Stück Leine daran, so daß die überstehenden Enden dazu verwendet werden können, die Quasten an den in Schritt 6 gezeigten Stellen am Drachen zu befestigen.

Schneiden Sie aus der restlichen Plastikfolie einige Streifen und binden Sie diese an einem Ende mit Klebeband zusammen. Knoten Sie ein Stück Leine daran, so daß die überstehenden Enden dazu verwendet werden können, die Quasten an den in Schritt 6 gezeigten Stellen am Drachen zu befestigen.

★★

Der brasilianische Pipa

Pipas bestehen üblicherweise aus Seidenpapier und Bambusstäben, können aber auch genausogut aus Butterbrot- oder Transparentpapier und 6 mm starken Holzstäben konstruiert werden. Für diesen Drachen ist eine Nylonschnur ideal, da sie sich ein wenig dehnt. Dies trägt dazu bei, den Rahmen während des Bauens unter Spannung zu halten.
Ein brasilianischer Student brachte mir übrigens in nur 20 Minuten das Bauen dieses traditionellen Drachens bei.

Sie benötigen:

Butterbrot- oder Transparentpapier

Bambus- oder Holzstäbe mit einem Durchmesser von 6 mm

50 m Nylon- oder Baumwollschnur mit einer Reißfestigkeit von 5 kg

PVA Leim

Kleine Säge

Bastelmesser

Schere

Maßband

Filzstift

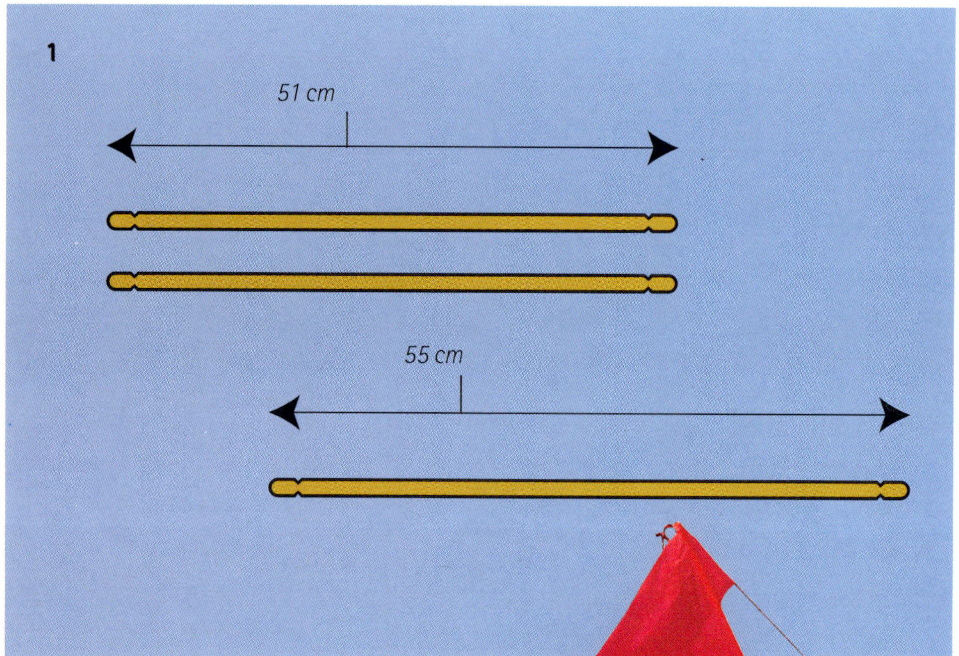

1 Sägen Sie für den Rahmen zunächst zwei Stäbe mit einer Länge von 51 cm und einen Stab mit einer Länge von 55 cm aus Bambusrohr oder Holzstäben zurecht. Ritzen Sie mit dem Bastelmesser ca. 1 cm vom jeweiligen Ende eine Kerbe in die Stäbe. Die Aufgabe der Kerben besteht darin zu verhindern, daß die Schnur, die für die Konstruktion des Rahmens verwendet wird nicht abrutscht. Achten Sie darauf, die Kerben nicht zu tief zu machen, da dies die Stabenden schwächt. Als Alternative kann man auch in jedes Ende der Stäbe einen Schlitz ritzen und die Schnur festklemmen.
Zum Schutz vor dem Splittern der Stäbe sollten die Enden mit einem Faden umwickelt werden.

2 Binden Sie mit der Schnur einen kurzen Stab in einem Abstand von 7 cm vom Ende des langen Stabs entfernt fest – ein Kreuz entsteht. Wickeln Sie die Schnur weiter um den langen Stab bis zu einem Abstand von 22 cm vom anderen Ende. Binden Sie an dieser Stelle den zweiten Querstab an den Längsstab und wickeln Sie die Schnur so weit herum, bis Sie die Kerbe erreichen. Binden Sie den Knoten an der Kerbe gut fest, damit jede Verbindungsstelle mit den Querstreben unter Spannung steht, bevor Sie weitermachen.

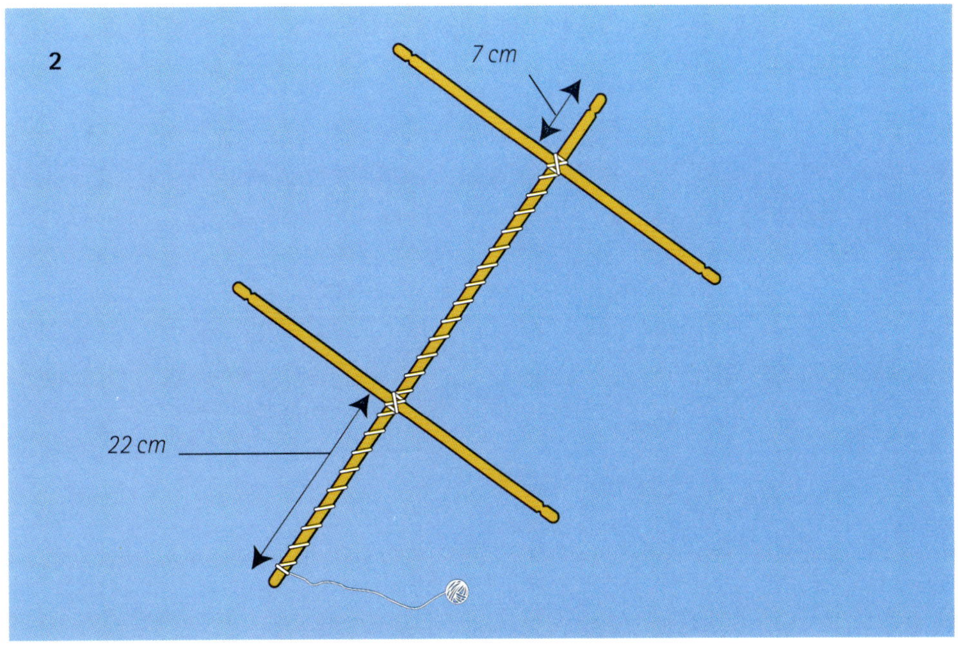

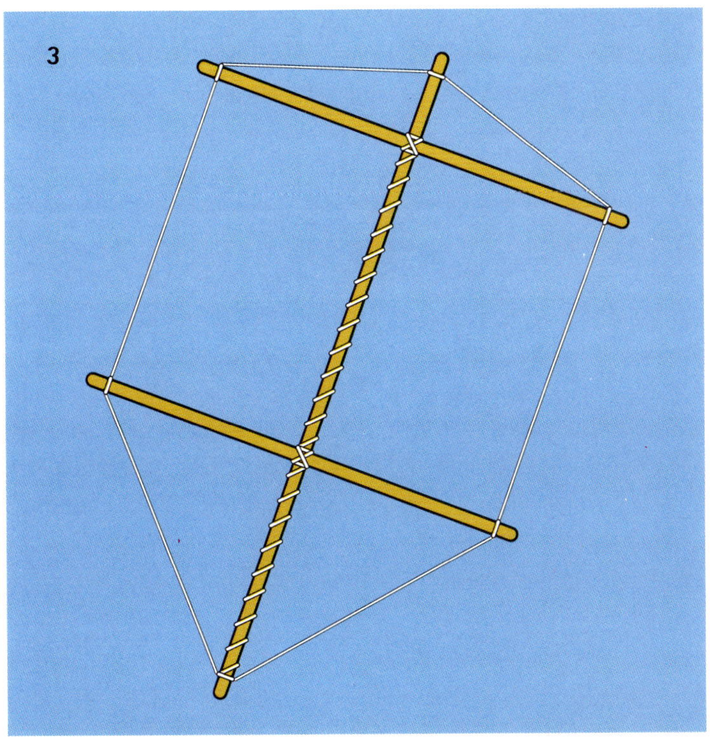

3 Spannen Sie die Kordel einmal um den ganzen Rahmen, indem Sie jeden Stab an der Kerbe nochmals umwickeln. Die Schnur sollte gut, aber nicht zu stark gespannt sein, da sich sonst der Rahmen verzieht. Schneiden Sie die Kordel und kürzen Sie das überstehende Ende.

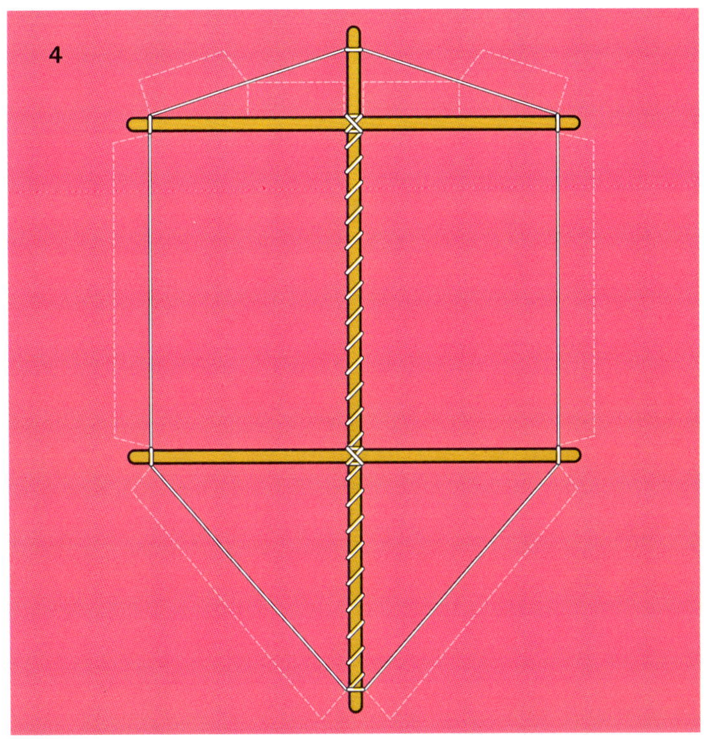

4 Legen Sie den Rahmen auf das Transparent- oder Butterbrotpapier und schneiden Sie, wie gezeigt, die Form des Rahmens aus, indem Sie rundherum eine Zugabe von etwa 4 cm lassen. Schneiden Sie an jedem Stabende wie angegeben eine V-förmige Kerbe aus dem Rand.

5

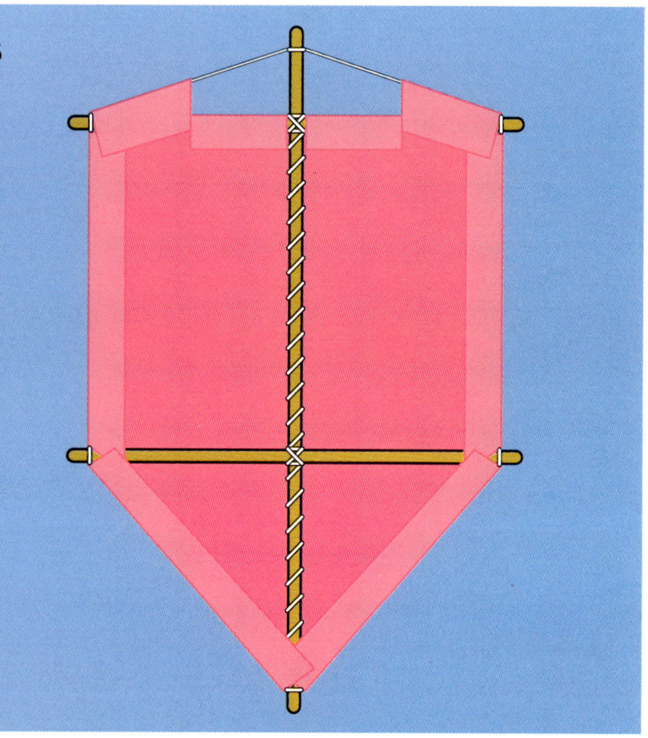

6

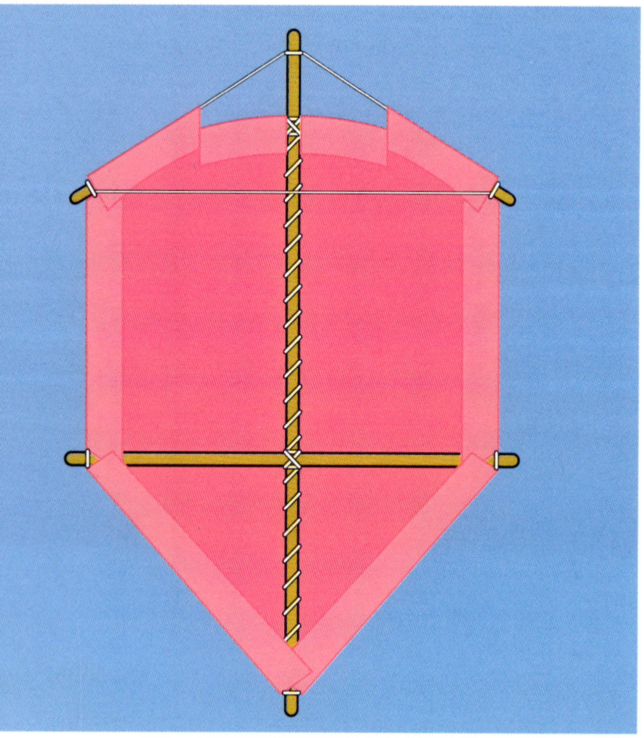

5 Knicken Sie den überstehenden Papierrand um die Schnurumrandung und verleimen Sie ihn mit dem Segel. Sie können auch die Schnurumrandung mit Leim bestreichen, so daß die Papierecken auch dort mit festkleben.

6 Während Sie darauf warten, daß der Leim trocknet, könnten Sie einen Schwanz herstellen. Schneiden Sie das restliche Papier in Streifen. Nehmen Sie ein ungefähr 4 m langes Stück Kordel und knüpfen Sie in einem Abstand von jeweils etwa 5 cm die Papierstreifen daran. Dieser Schwanz wird an das untere Ende des Längsstabs geknotet.
Ein Papierquastenschwanz wie dieser stabilisiert den Drachen, besonders bei stärkerem Wind. Ein Pipa kann jedoch auch ohne Schwanz geflogen werden, wird dann allerdings dazu neigen, nach links und rechts zu rollen.

7 Wenn der Leim trocken ist, kann der Drachen in Form gebogen werden. Dazu bindet man ein Stück Schnur an ein Ende des oberen Querstabs, biegt den Querstab nach hinten und befestigt die gespannte Leine am anderen Ende des Querstabs. Diese Bogensehne sollte den gebogenen Querstab unter Spannung halten. Achten Sie darauf, den Querstab nicht zu sehr zu spannen, da es sonst passieren kann, daß er sich im Flug verdreht. Andererseits darf die Spannung auch nicht zu niedrig sein, da der Drachen sonst instabil fliegt.

In diesem Stadium ist es auch möglich einen einfachen Summer am Rahmen des Drachens zu befestigen: siehe gegenüberliegende Seite.

8 Zum Abschluß benötigen Sie noch eine Waage für den Drachen. Schneiden Sie ein 105 cm langes Stück Kordel ab. Binden Sie das eine Ende an die Verbindungsstelle von Längs- und Querstab, das andere Ende an die Basis des Längsstabs.
Um den richtigen Anstellwinkel zu bekommen, sollten Sie die Waage straffen, so daß Sie einen Winkel bildet, wobei der obere Schenkel parallel zum oberen Querstab verlaufen sollte. Knüpfen Sie nun an der Spitze eine Schlaufe wie auf Seite 87 gezeigt, so daß Sie einen Angriffspunkt für Ihre Flugleine erhalten. Denken Sie daran, daß die Position dieser Schlaufe entsprechend der Windstärke geändert werden muß. Scheint der Drachen bei starkem Wind instabil zu fliegen, versuchen Sie die Schlaufe ca. 1 cm näher zur Spitze des Drachens zu verschieben. Bei leichtem Wind kann es vorteilhafter sein, die Schlaufe etwa 1 cm näher zum Schwanz hin zu verschieben.

Wie man einen Windsummer baut

Drachen werden manchmal mit Summern ausgerüstet, die einen schwirrenden Ton von sich geben, wenn der Wind sie durchströmt. Der malaiische Wau-Bulan (Seite 36) ist ein klassisches Beispiel für einen Drachen, der sein eigenes Musikinstrument trägt. Eine einfache Art dieses Summers besteht aus einem schmalen Band, das zwischen den Enden einer Holz- oder Bambusrute gespannt wird, so daß die Spannung des Bandes die Rute biegt. Je straffer das Band ist, umso höher ist der Ton, der entsteht. Es ist jedoch wichtig, daß der Drachen das zusätzliche Gewicht des Summers auch tragen kann.

Um eine einfache Form des Summers am Pipa anzubringen, müssen Sie lediglich ein schmales Band (z. B. das Magnetband einer alten Kassette) anstelle der Schnur in Schritt 7 zwischen den beiden Enden des oberen Querstabs spannen, um damit den Stab zu biegen.

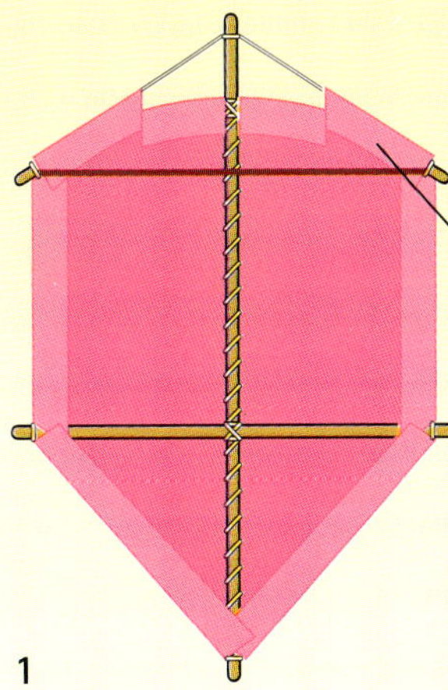

Wie man einen abnehmbaren Summer baut

1 Nehmen Sie einen Bambusstab von 1 m Länge und 6 mm Durchmesser und schnitzen Sie in jedes Ende eine Kerbe.

2 Schieben Sie ein Ende des Bandes in einen Schlitz des Stabes und wickeln Sie das Band einige Male um das Stabende.

3 Stecken Sie das Band in den anderen Schlitz des Stabes und ziehen Sie es straff, bis der Stab gebogen ist. Knoten Sie das Ende fest um den Stab, schneiden Sie das überstehende Band ab. Der Summer ist nun fertig.

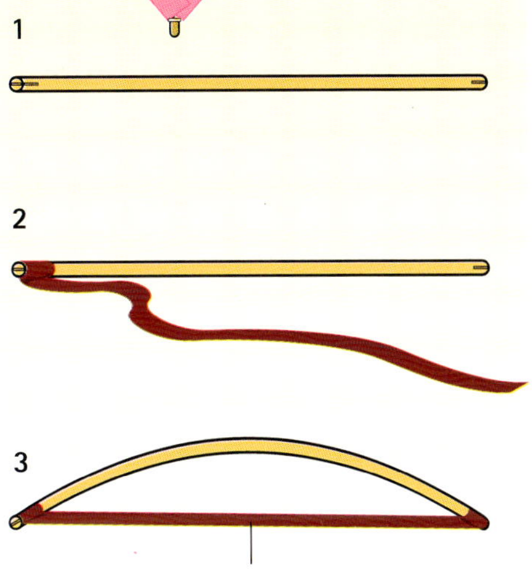

Tips für den Schwanz

Um einen Schwanz zu basteln, rollen Sie ein Blatt Papier zusammen, drücken es platt und schneiden es in Streifen von ca. 2,5 cm Breite. Entfalten Sie die Streifen und gehen Sie wie in Schritt 6 vor.

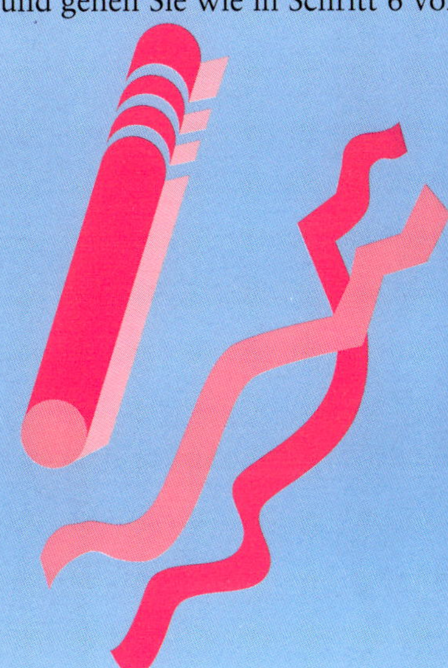

Der Mini-Barroletta

Dies ist eine kleine Version der gigantischen Barrolettas, die am 1. November, Allerheiligen, den Himmel von Guatemala schmücken. Kleine Drachen wie dieser werden in ganz Mittelamerika von Kindern gebastelt und geflogen.

Sie benötigen:

ein Stück Karton

3 oder 4 Blätter Seidenpapier

Fünf 34 cm lange Stücke Bambusrohr (mit weniger als 4 mm Durchmesser)

eine Rolle Nähgarn

Papierkleber

Schere und Bastelmesser

eine Spule Flugleine mit einer Reißfestigkeit von 5 kg

1 Markieren Sie den Mittelpunkt jedes Stabes und schneiden Sie mit dem Bastelmesser in jedes Ende eine kleine Kerbe.

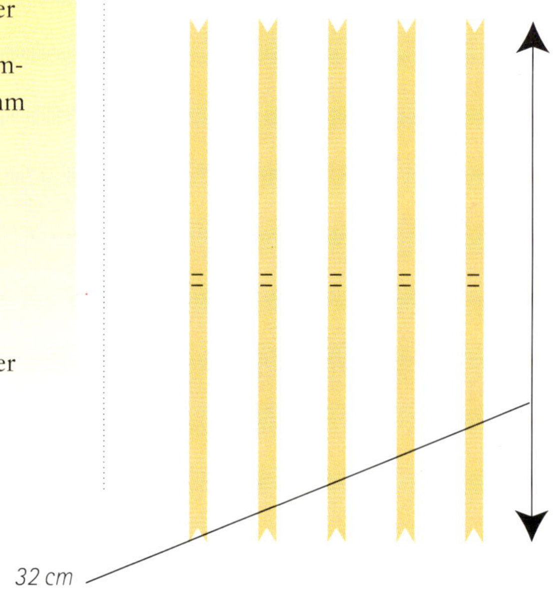

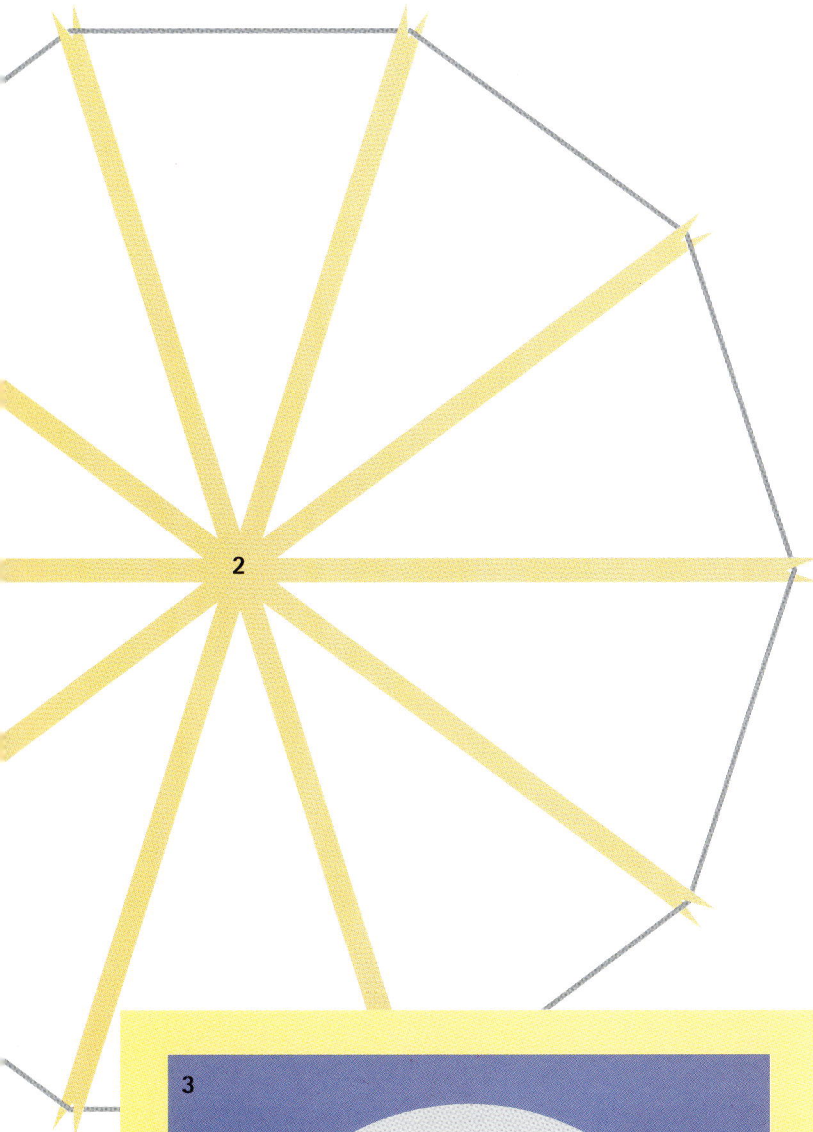

2 Binden Sie die fünf Stäbe so zusammen, daß sich eine wagenradähnliche Form ergibt. Ziehen Sie die Knoten gut fest, um die Bewegungen der Stäbe untereinander zu minimieren. Ziehen Sie eine Schnur um die Spitzen der Stäbe, indem Sie die Kerben als Führung benutzen.

3 Schneiden Sie aus einem Karton einen Kreis mit einem Durchmesser von 35,5 cm, um ihn als Schablone für das Segel zu benutzen. Legen Sie ihn auf ein Blatt Seidenpapier und schneiden Sie ihn aus.

4 Legen Sie den Rahmen des Drachens auf den Kreis aus Seidenpapier, falten Sie den überstehenden Rand des Papiers über die Schnurumrandung und kleben Sie ihn fest. Eine kleine Falte an jedem Stabende sorgt dafür, daß das Segel überall flach am Rahmen anliegt.

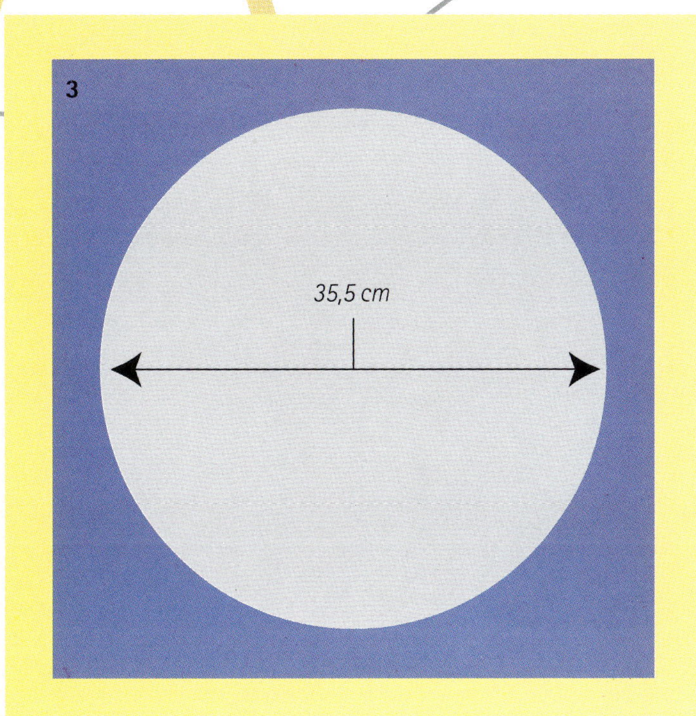

5 Die Vorderseite des Drachens kann auf einfache Weise verziert werden, indem man aus dem restlichen Seidenpapier verschiedene Formen ausschneidet und auf das Segel klebt. Diese Formen verschönern den Drachen nicht nur, sondern dienen auch der Verstärkung an stark beanspruchten Stellen, wie z. B. an den Stabenden und an den Stellen, wo die Waage am Rahmen befestigt wird.

Alternative Muster

Es gibt keine zwei Barrolettas mit dem gleichen Muster, denn diese Muster werden individuell auf das Segel aufgeklebt.

6 Um Schwänze für einen Barroletta zu basteln, schneiden Sie zwei Quadrate mit einer Kantenlänge von 20 cm aus Seidenpapier aus und reißen Sie sie in einem Abstand von 2,5 cm von einer Seite her bis auf einen Rand von 5 cm ein. Diese Quasten können durch Ankleben von weiteren Streifen verlängert werden. Die fertigen Schwänze werden an den Rand des Drachens geklebt.

Alternative Schwänze

Wenn Sie den Drachen vergrößern, kann ein längerer Schwanz notwendig sein.

Riesen-Barrolettas

Wenn diese Drachen in großem Maßstab gebaut werden, werden ihre Rahmen aus Bambusrohr mit einem Durchmesser von bis zu 5 cm hergestellt. Verstärkt wird dieser Rahmen noch durch ein Quadrat aus Bambusrohr, das im Zentrum des Rahmens befestigt wird. Das Segel wird ebenfalls verstärkt, indem man mehrere Lagen Seidenpapier übereinander klebt.

7 Schneiden Sie für die Waage von der Flugleine ein Stück mit einer Länge von 1 m und eines mit einer Länge von 51 cm ab. Legen Sie das längere Stück zusammen und schlingen Sie zwei Knoten in einem Abstand von ca. 5 mm. Binden Sie an der kurzen Leine eine Schlaufe und befestigen Sie sie mittels eines Umkehrknotens zwischen den zwei Knoten an der längeren Leine.

7

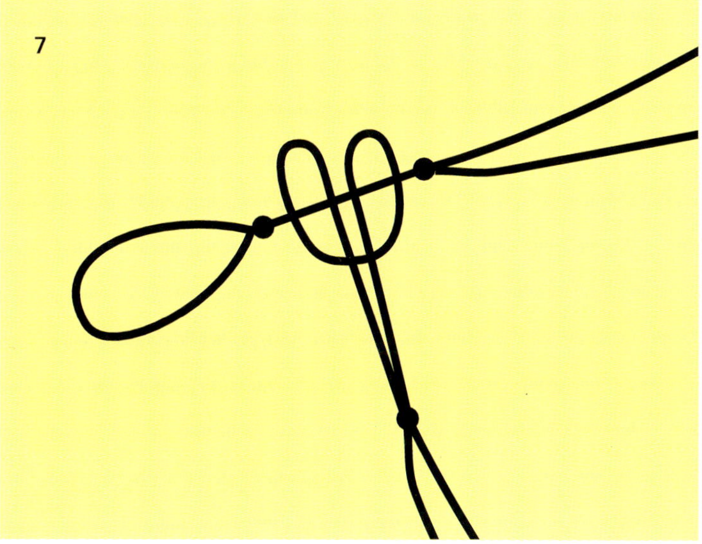

8 Stechen Sie an den in Abbildung 8 gezeigten Stellen in das Segel. Stecken Sie jeweils ein Ende der längeren Leine durch eines der Löcher am Rand. Stecken Sie das Ende der kurzen Leine durch das Loch in der Mitte und knoten Sie dessen Enden an den Kreuzungspunkt der Stäbe. Binden Sie die Flugleine an die Schlaufe, wo sich alle drei Waagleinen treffen.

8

★★★

Der Malaie

Ein klassischer, diamant-förmiger Drachen – in dieser Ausführung benötigt der Drachen keinen Schwanz, Sie können jedoch zur Verzierung einen anbringen. Ideen dafür finden Sie auf der Seite 99.

Sie benötigen:

1m Ripstop-Nylon

zwei 90 cm lange und 6 mm starke Holzstäbe

60 cm Dacron-Band, 2,5 cm breit

einen 6mm V-Verbinder aus Kunststoff

2 m Flugleine mit einer Reißfestigkeit von 40 kg

einen Aluminiumring mit 1 cm Durchmesser

Filzstift

Maßband

Schere

Legen Sie das Band dreilagig zusammen.

Knicken Sie es in der Mitte, so daß sich ein Überstand ergibt

Nähen Sie beide Seiten der Tasche zusammen.

1 Zeichen Sie das Segel auf dem Nylon an und schneiden Sie es aus. Ringsherum ist ein Rand von 1 cm erlaubt. Klappen Sie den Saum nach hinten und vernähen Sie ihn.

2 Nähen Sie die vier Stabtaschen, jede davon aus einem 15 cm auf 2,5 cm Dacronband. Legen Sie dazu jedes Stück dreilagig zusammen und nochmals in der Mitte. Nähen Sie dann die Tasche an beiden offenen Seiten wie abgebildet zusammen.

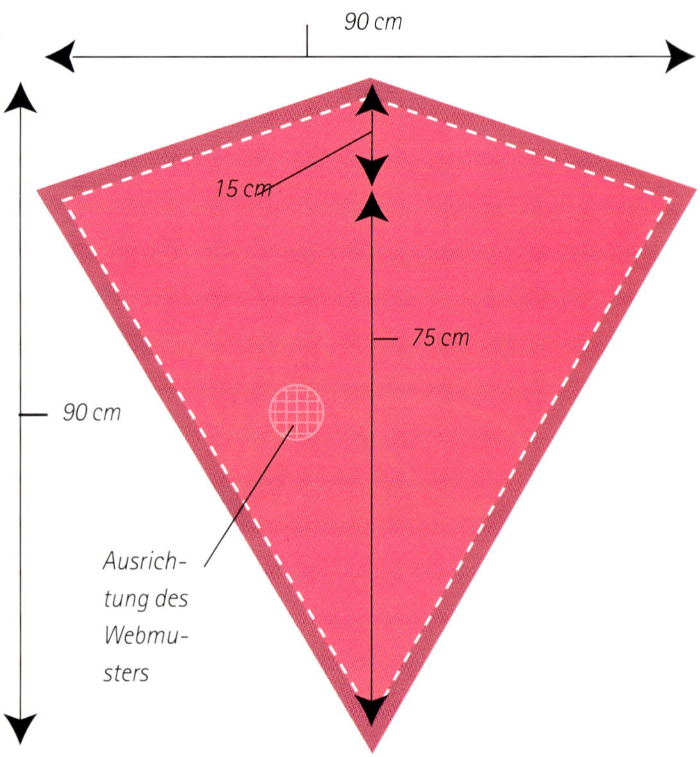

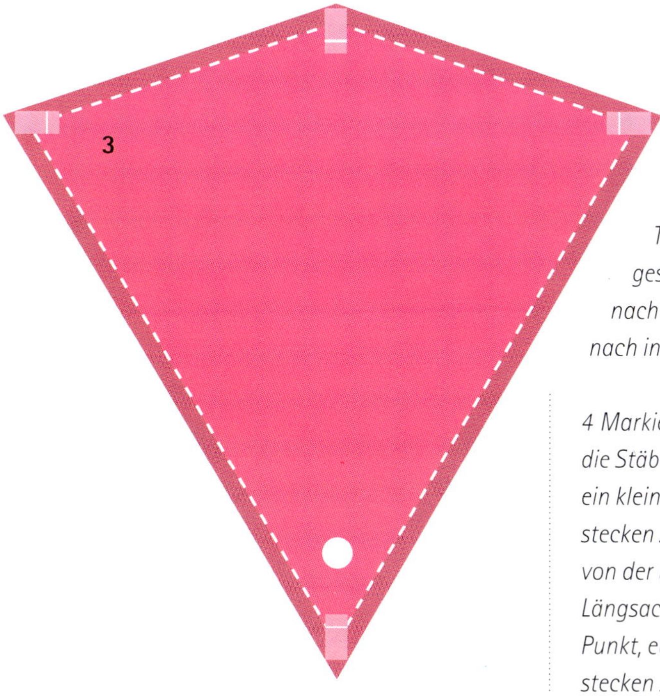

3 Nähen Sie an jede Spitze des Drachens eine Tasche, wobei jeweils das geschlossene Ende der Tasche nach außen zur Spitze und das offene nach innen zum Zentrum hinweisen sollte.

4 Markieren Sie die Stelle, an der sich später die Stäbe kreuzen werden. Stechen Sie dort ein kleines Loch, um die Waagleine durchstecken zu können. Markieren Sie etwa 15 cm von der unteren Spitze entfernt auf der Längsachse des Drachens einen zweiten Punkt, ebenfalls für die Waagleine, und stecken Sie auch dort ein kleines Loch hinein.

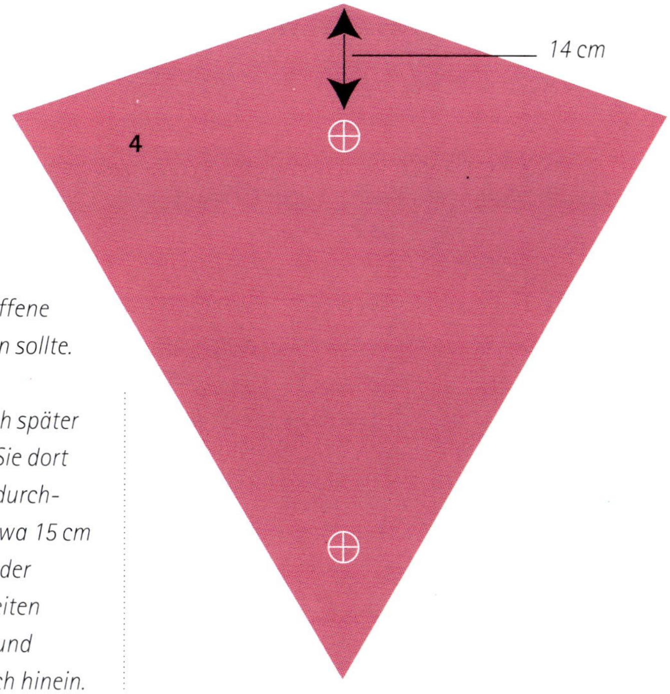

WIE MAN SEIN SEGEL LEBENDIGER GESTALTEN KANN:

Wenn Sie die Grundform Ihres Malaien-Segels ausgeschnitten haben, können Sie es mit Mustern aus farbigen Formen verzieren. Dazu schneidet man die erforderlichen Formen aus und näht sie auf die Rückseite des Segels. Mittels einer kleinen Schere schneidet man dann von der Vorderseite das Segel innerhalb der Formen vorsichtig aus, ohne die Formen selbst zu beschädigen. Da Ripstop-Nylon oftmals glatt beschichtet ist, kann es hilfreich sein die Oberflächen vor dem Zusammennähen mit etwas Wasser zu benetzen. Dies verhindert, daß die Stücke während des Nähens gegeneinander verrutschen.

Rückseite

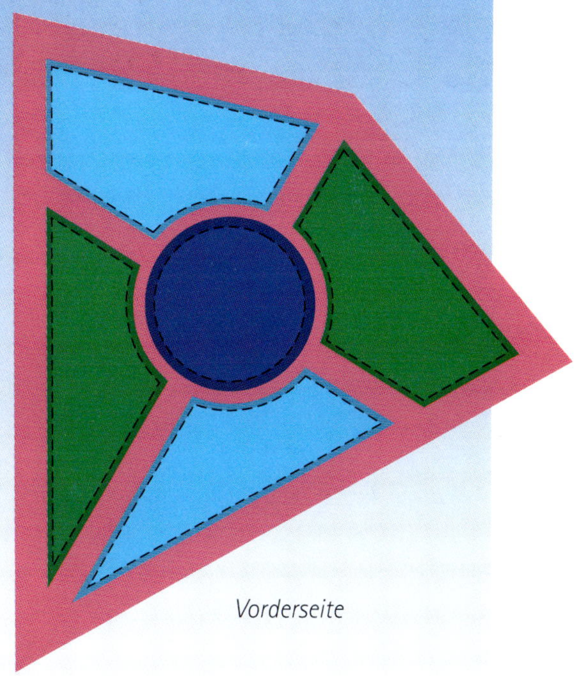

Vorderseite

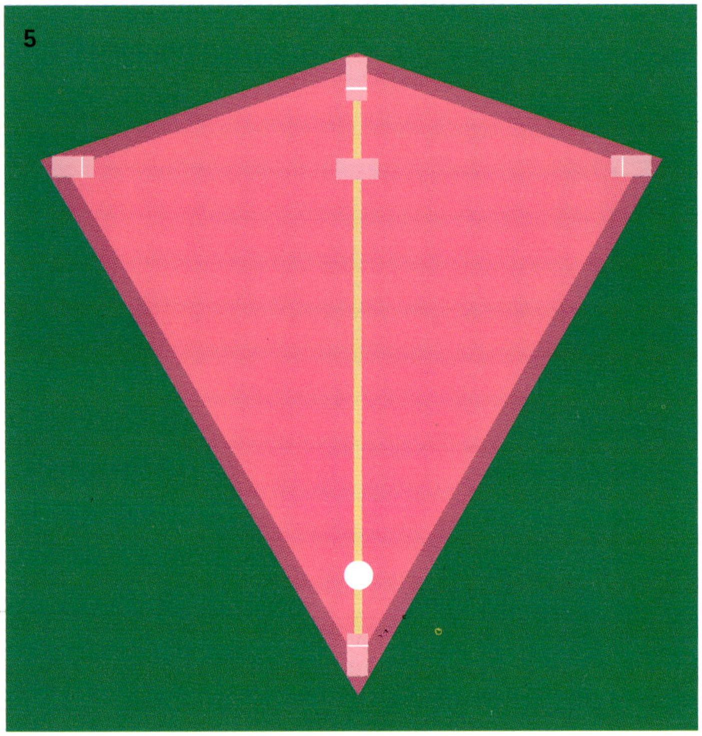

5 Schieben Sie den V-Verbinder auf den Längsstab und passen Sie diesen in die obere und untere Tasche ein, indem Sie ihn, etwas kürzen.

6 Richten Sie die V-Verbinder über dem oberen Loch aus. Stecken Sie ein Ende der Waagleine durch das Loch, schlingen Sie es um die V-Verbinder herum und wieder durch das Loch hinaus. Verknoten Sie es. Stecken Sie das andere Ende durch das untere Loch, um den Mittelstab herum, ziehen Sie es wieder hinaus und verknoten es.

7 Nehmen Sie den anderen Stab, stecken Sie ihn in die V-Verbinder und kürzen ihn soweit, daß er das Segel spannt, wenn er zwischen Flügelspitze und V-Verbinder sitzt. Nehmen Sie den Stab wieder heraus und schneiden Sie einen zweiten auf die gleiche Länge zu.

8 Stecken Sie beide Stäbe wieder zwischen V-Verbinder und Flügeltaschen. Sie sollten sehr fest sitzen, da sich Ripstop-Nylon etwas dehnt und sich bald entspannen wird.

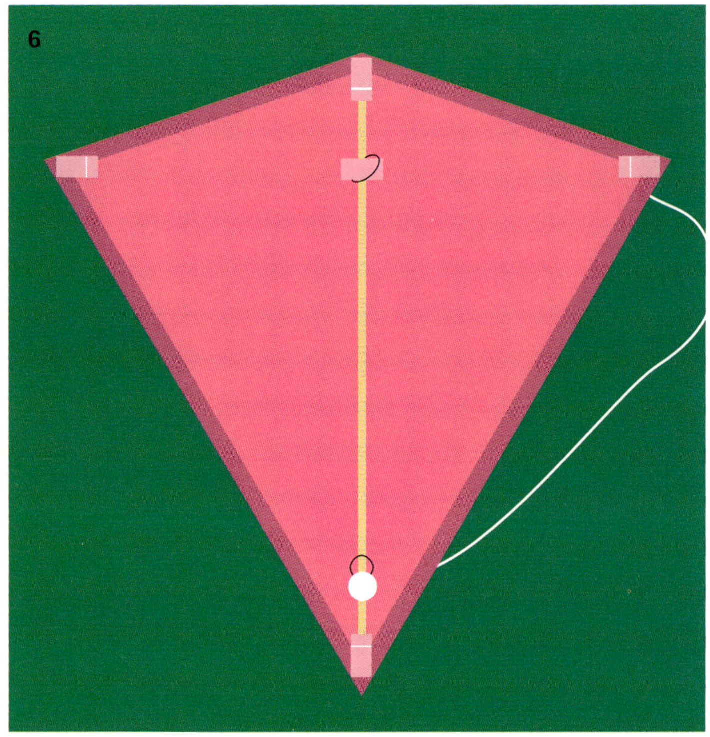

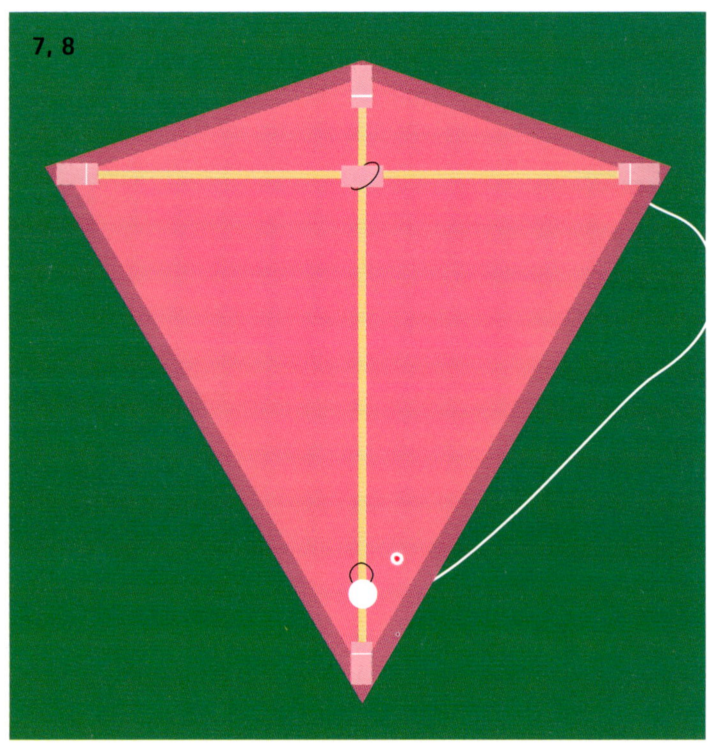

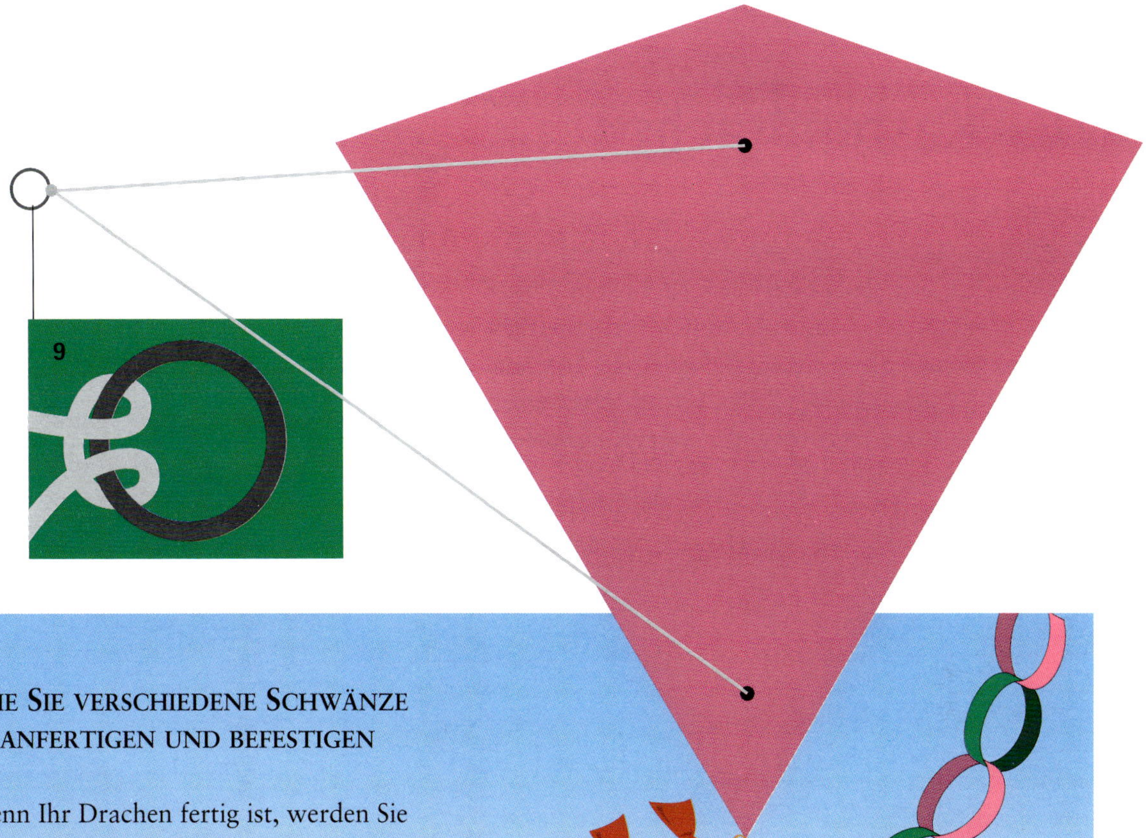

9 Ziehen Sie die Waage straff, um den Waagring einzusetzen. Der obere Schenkel sollte dabei knapp unterhalb des oberen Querstabs verlaufen. Wenn Sie den Drachen fliegen, müssen Sie vielleicht die Position des Rings anpassen, um den Anstellwinkel zu verändern (siehe Seite 30).

Wie Sie verschiedene Schwänze anfertigen und befestigen

Wenn Ihr Drachen fertig ist, werden Sie wahrscheinlich feststellen, daß Sie noch einige Stoffreste übrighaben. Diese können auf einfache Art für einen der hier gezeigten Schwänze verwendet werden.

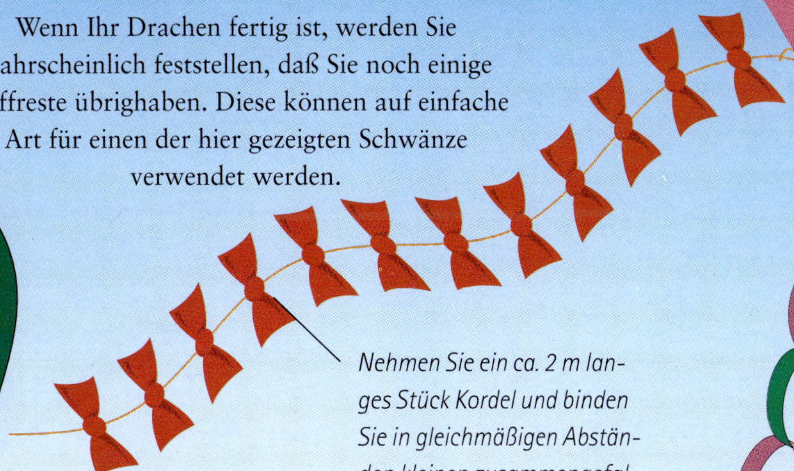

Schneiden Sie sich zwei oder mehr Streifen Nylon, mit einer Länge von 2 m und etwa 2,5 cm breit, zurecht. Nähen Sie diese Streifen an einem Ende zusammen, so daß sich eine Schlaufe ergibt und schlingen Sie diese um das untere Ende des Längsstabs.

Nehmen Sie ein ca. 2 m langes Stück Kordel und binden Sie in gleichmäßigen Abständen kleinen zusammengefaltete Nylon-Rechtecke daran, so daß sich Schleifen ergeben. Knoten Sie an einem Ende eine Schlaufe, die Sie über die Basis des Längsstabs schieben können.

Ein einfacher kettenähnlicher Schwanz kann aus Nylon- oder Papierstreifen hergestellt werden. Lassen Sie an einem Ende des Schwanzes ein Kettenglied offen, um ihn so am Längsstab befestigen zu können.

Der Kastendrachen

Von Kastendrachen nimmt man im allgemeinen an, daß Sie aus Quadraten bestehen. Dieser hier ist ein wenig anders und gleicht eher dem berühmten Gibson Girl-Rettungsdrachen aus dem zweiten Weltkrieg. Mit nur geringen Einbußen an Leistungsfähigkeit des Drachens können für die Spreizstäbe der Zellen Holzstäbe mit einem Durchmesser von 6 mm verwendet werden, obwohl Kohlefaserstäbe vorzuziehen sind.

Sie benötigen:

2 m Ripstop-Nylon

vier 90 cm lange, 6 mm starke Holzstäbe

eine etwa 2,5 m lange und 3 mm starker Kohlefaserrute oder einen 6 mm starken Holzstab

(Diese müssen in 4 Stücke aufgeteilt werden; eine genaue Anleitung finden Sie unten)

4 m Saumband, 1,5 cm breit

8 Stabhalter: entweder 3 mm oder 6mm, entsprechend dem verwendeten Spreizstab

2 m geflochtener Flugleine mit einer Reißfestigkeit von 36 kg

einen Alumuniumring mit einem Durchmesser von 1 cm

Filzstift

Maßband

Schere

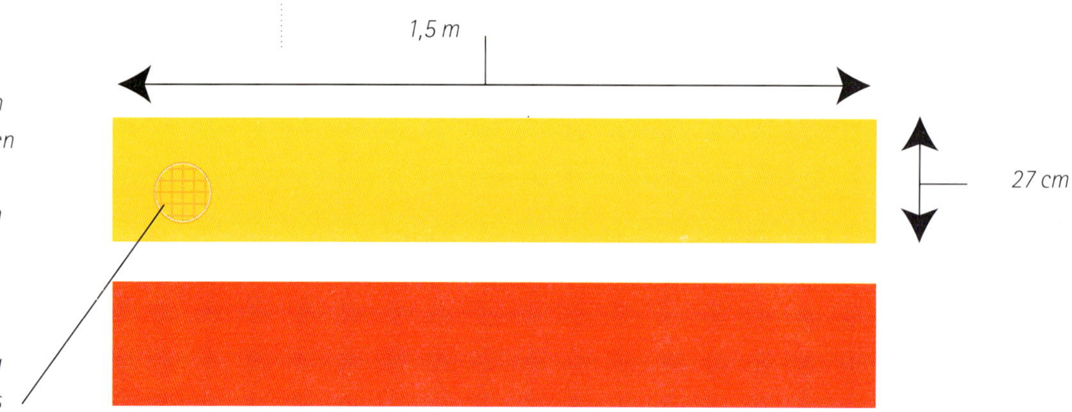

1 Zeichnen Sie beide Zellen entsprechend den Abmessungen im Diagramm an und schneiden Sie sie aus. An den beiden Längsseiten ist ein Überstand von 1 cm erlaubt. Falten Sie diesen zur Mitte und vernähen Sie ihn.

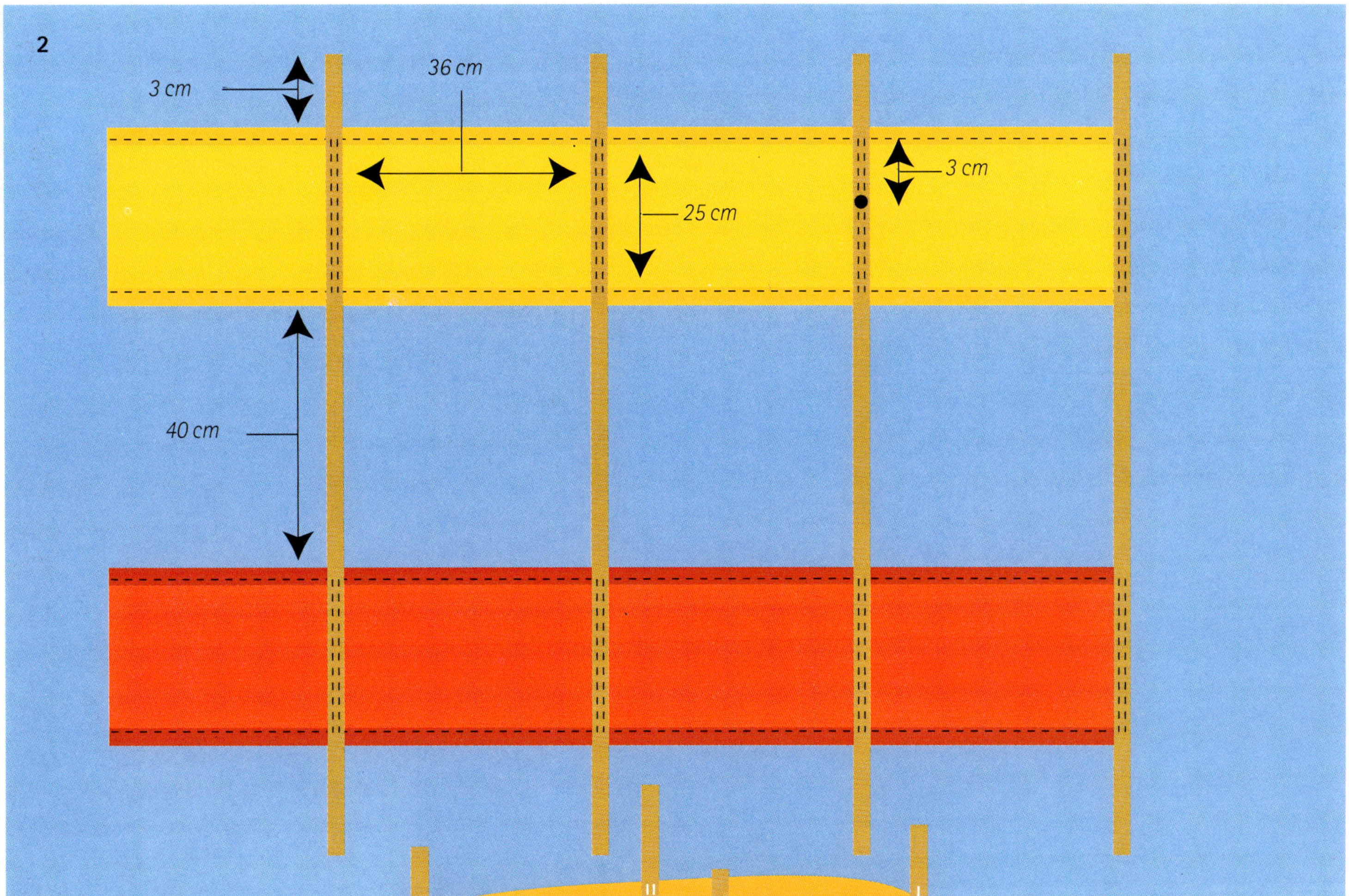

2 Beginnen Sie damit, die beiden Zellen zusammen mit dem Saumband zu verbinden. Vernähen Sie beide Seiten des Bandes mit den Zellen. Lassen Sie oben und unten jeweils 3 cm Rand überstehen. Aus diesem Überstand werden in Schritt 4 Stabtaschen gebildet.

3 Falten Sie die Nylon-Zellen zusammen, so daß beide Schmalseiten übereinanderliegen. Auch hier darf wieder 1 cm als Saum überstehen. Nähen Sie jeweils an der unteren und an der oberen Zellen beide Ränder zusammen.

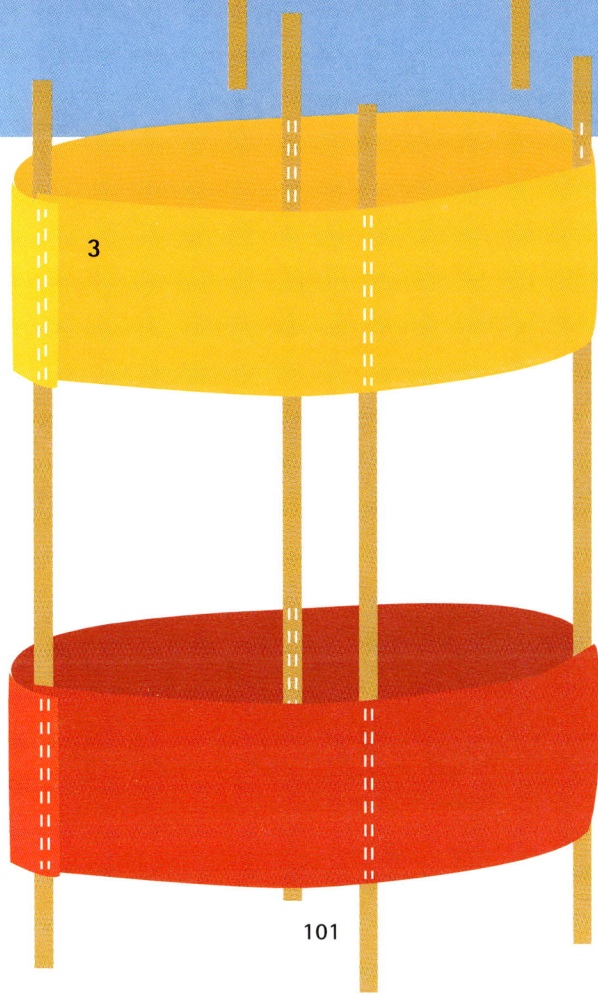

Vergrößerung des Saums

4 Bilden Sie die Stabtaschen, indem Sie das Saumband zurückschlagen und beide Seiten sauber vernähen. Auf diese Weise bekommen Sie eine ca. 1,5 cm lange Tasche. Schneiden Sie an einem Saum ca. 3 cm vom oberen Rand ein kleines Loch hinein, um dort später die Waagleine durchzuziehen.

5 Stecken Sie auf jedes Ende der vier Spreizstäbe einen Stabhalter. Setzen Sie die vier Holzstäbe in die Stabtaschen an beiden Enden des Drachens. Fügen Sie die Spreizstäbe ein. Diese sollten beim Zusammenbauen des Drachens leicht gebogen sein, damit das Gewebe straff gespannt ist. Um die geringe Biegung zu erreichen, sollten Sie die Stäbe 10 % länger machen, als man errechen würde. Fangen Sie bei einer Länge von 45 cm an und kürzen Sie jeweils beide Stäbe solange, bis Sie korrekt sitzen.

Stecken Sie jedes Ende der vier Spreizstäbe in einen Stabhalter.

6 Nehmen Sie für die Wagge 2 m Flugleine (lange Waagen sind leichter einzustellen als kurze). Befestigen Sie die Leine an dem Längststab, der an der Ecke mit dem Loch sitzt, das Sie in Schritt 4 gestanzt haben.

7 Bringen Sie den Waagring an. Die korrekte Position ist erreicht, wenn der obere Schenkel der straff gespannten Leine im rechten Winkel zum Längsstab steht.

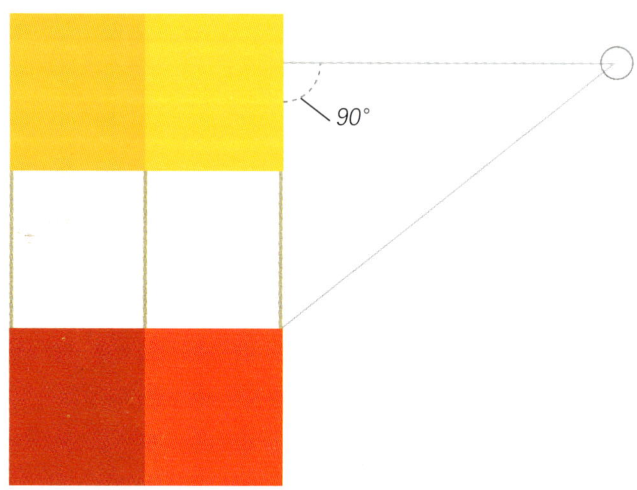

Wie man einen einfachen Drogue bastelt

Ein Drogue ähnelt einem Windsack und wird an einem Drachen in gleicher Weise befestigt wie ein Schwanz. Die vordere Öffnung ist größer als die hintere, wodurch sich ein gewisser Druck aufbaut, wenn der Wind hindurchströmt, und somit ein Luftwiderstand entsteht. Als Faustregel kann gelten, daß größere Drachen einen längeren Drogue benötigen, um den Luftwiderstand und damit auch die Stabilität zu erhöhen. Der nachstehende Plan eines Drogue kann leicht nachgebaut und für größere Drachen auch skaliert werden.

Sie benötigen:

50 cm Ripstop-Nylon

1,2 m Leine mit einer Reißfestigkeit von 15-20 kg

Wirbel

Klebeband

Schere

1 Schneiden Sie vier Teile mit den angegebenen Maßen aus (diese Maße beinhalten bereits die Saumzugabe).

2 Vernähen Sie die vier Teile jeweils an ihrer längsten Seite und verstärken Sie die weitere Öffnung mit einem Band. Die kleinere Öffnung sollten Sie ebenfalls säumen.

3 Schneiden Sie aus dem Ripstop-Nylon vier Rechtecke mit den Maßen 5 x 2,5 cm² aus. Legen Sie diese dreilagig zusammen, um daraus Laschen zu gewinnen.

4 Nähen Sie die Laschen fest an den verstärkten Rand der vorderen Öffnung, mit den Säumen als Positionierhilfe. Für einen größeren Luftsack benötigen Sie dementsprechend mehr Laschen.

5 Halbieren Sie die Leine und binden Sie jeweils ein Ende an sich gegenüberliegende Laschen. Verstürzen Sie den Drogue. Mit einem Überwurfknoten können Sie den Wirbel an den Leinen befestigen.

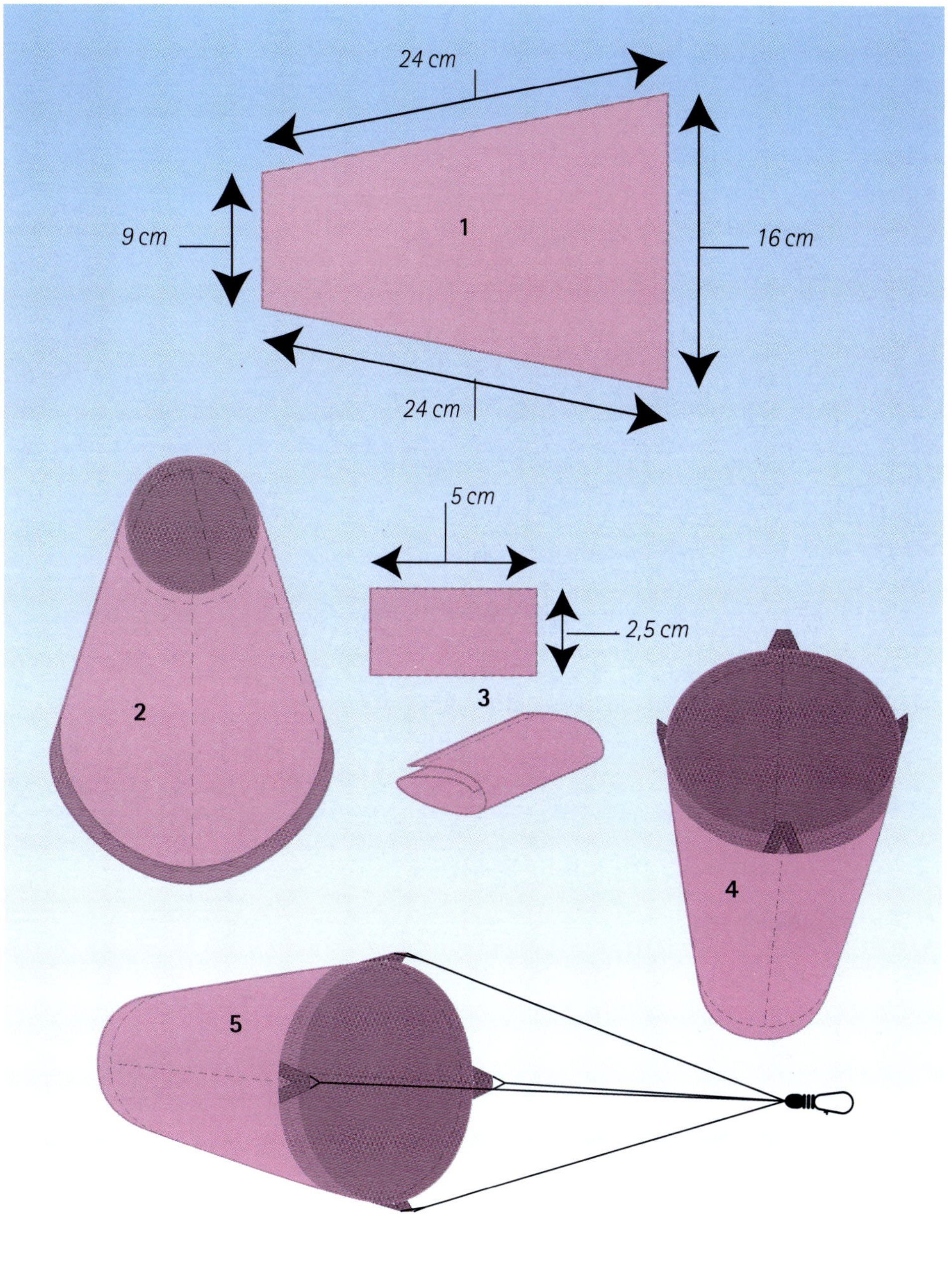

★★★★

Der Rokkaku

Der Rokkaku ist ein Entwurf des früheren Sportdrachen-Champions und weltbekannten Drachendesigners Carl Robertshaw. Alle hier angegebenen Maße können vergrößert oder verkleiner werden.
Der Rokkaku, eigentlich ein traditioneller japanischer Kampfdrachen, ist bei Drachenfliegern weltweit beliebt. Obwohl das Segel ursprünglich aus Washi (ein sehr faserreiches Japanpapier) und Bambus gefertigt wurde, bestehen stärkere Versionen aus modernen Materialien, um verschiedenen klimatischen Bedingungen und rauhen Kämpfen standzuhalten.

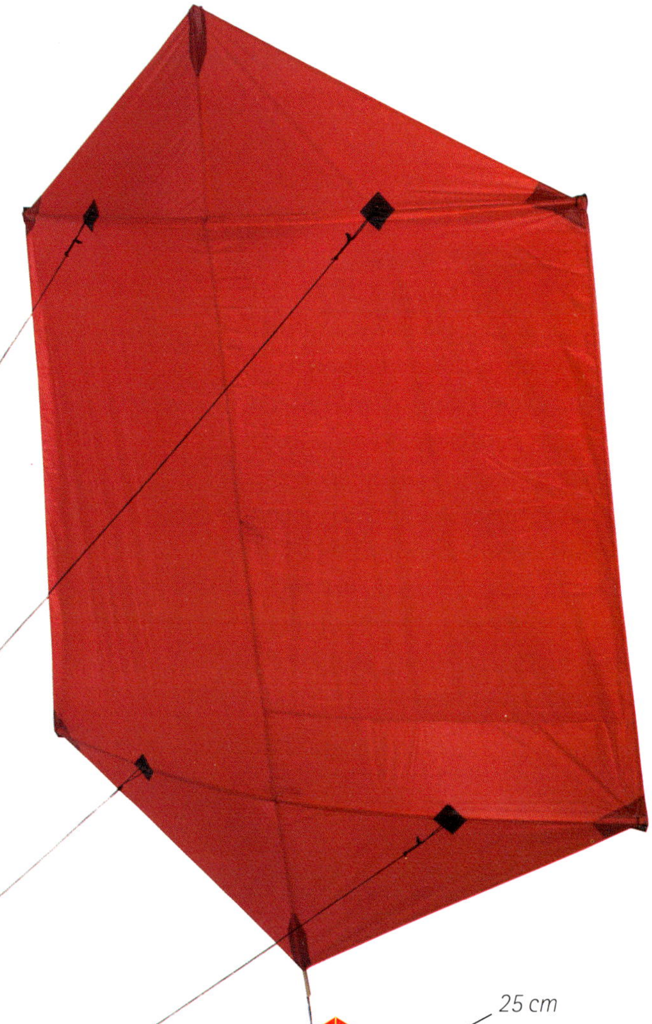

SIE BENÖTIGEN:

125 x 90 cm^2 steifes Papier oder Karton

150 x 100 cm^2 Ripstop-Nylon

2,5 cm breites Dacron-Band

120 m Flugleine mit einer Reißfestigkeit von 30-45 kg (wird auch zur Konstruktion des Drachens benötigt)

Lötkolben

2 Bogenspanner, Pfeilnocken mit einer Größe von 6 mm

2 Holzstäbe, 90 cm lang und 6 mm stark

ein Holzstab, 125 cm lang, 6 mm stark

ein O-Ring

Filzstift, scharfe Schere, Bastelsäge

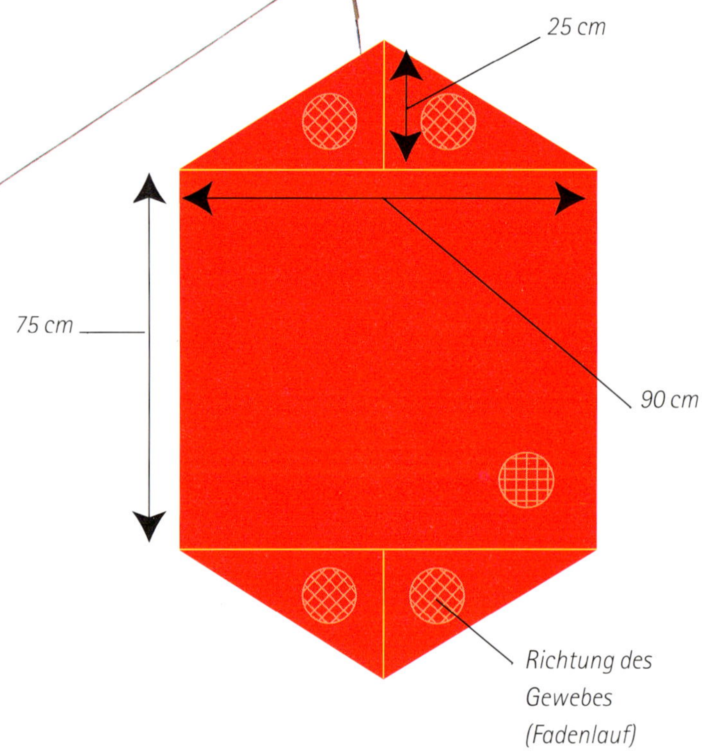

1 Übertragen Sie die Schablone auf das Papier oder den Karton und schneiden Sie entlang den durchgezogenen Linien. Sie sollten daraufhin vier Dreiecke und ein Rechteck erhalten. Mit diesen Schablonen können Sie das Ripstop-Nylon entsprechend ausschneiden.

2 Legen Sie die Schablonen so auf das Ripstop-Nylon, daß die Faserrichtung mit der im Plan gezeigten, übereinstimmt. Zeichnen Sie die Umrisse plus 1,5 cm Zugabe mit dem Filzstift an. Die fünf Teile werden mit einer scharfen Schneiderschere ausgeschnitten.

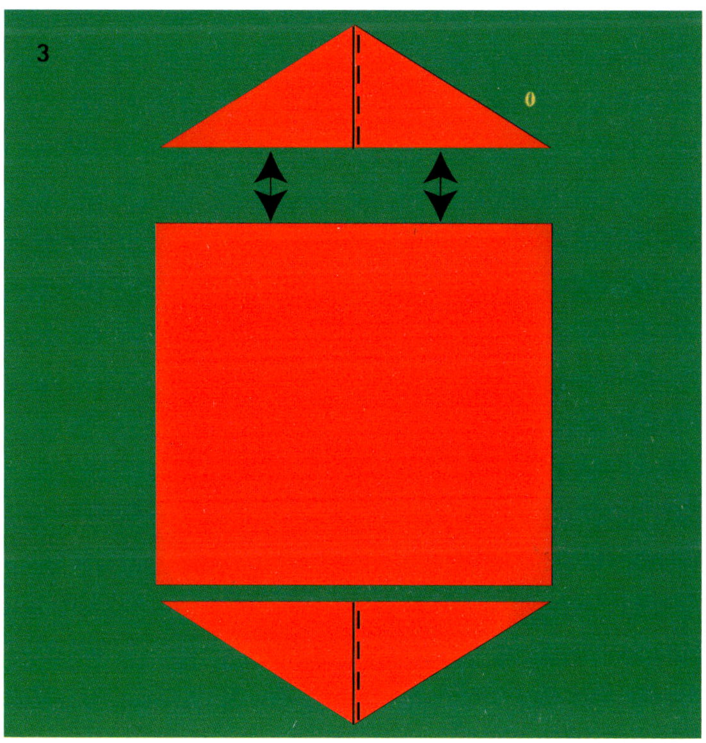

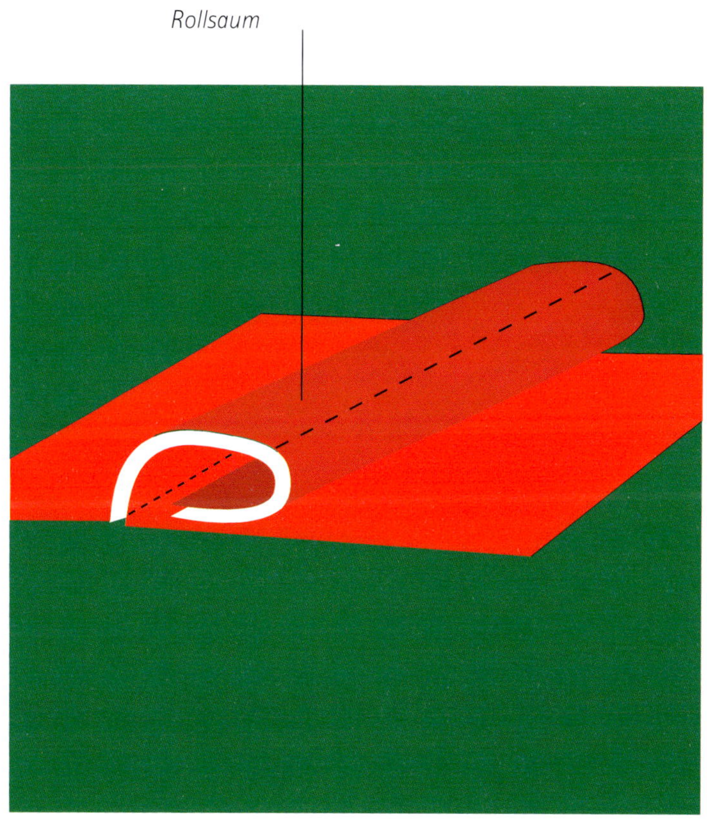

3 Verbinden Sie die Teile mit einem Rollsaum. Legen Sie dazu die Teile aufeinander und nähen Sie 1,5 cm vom Rand entfernt einen Saum. Falzen Sie den Saum nach innen und nähen Sie erneut darüber. Beginnen Sie mit den oberen Dreiecken, dann die unteren zwei und verbinden Sie diese mit dem Rechteck. Daraus entsteht das sechseckige Rokkaku-Segel. Ein Rollsaum um den ganzen Drachen ergibt einen sauberen Rand und verstärkt ihn zusätzlich.

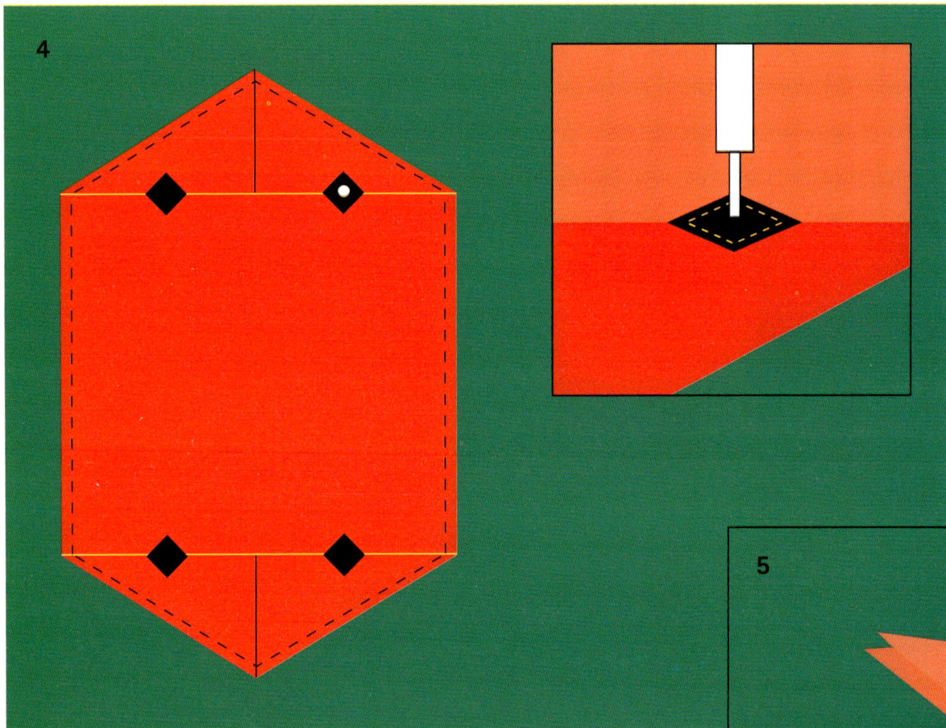

4 Schneiden Sie von dem Dacronband vier Quadrate mit einer Kantenlänge von je 2,5 cm ab und nähen Sie diese an den angegebenen Stellen auf die Rückseite des Segels fest. Schmelzen Sie zum Schluß mit dem Lötkolben durch jedes Quadrat ein Loch.

5 Fertigen Sie fünf Taschen aus Dacron an (die sechste kommt in Schritt 8 dazu). Schneiden Sie dazu für jede Tasche 15 cm vom Dacronband ab und falten Sie es einmal in der Mitte, dann ein zweites Mal 2,5 cm von der Falte entfernt.

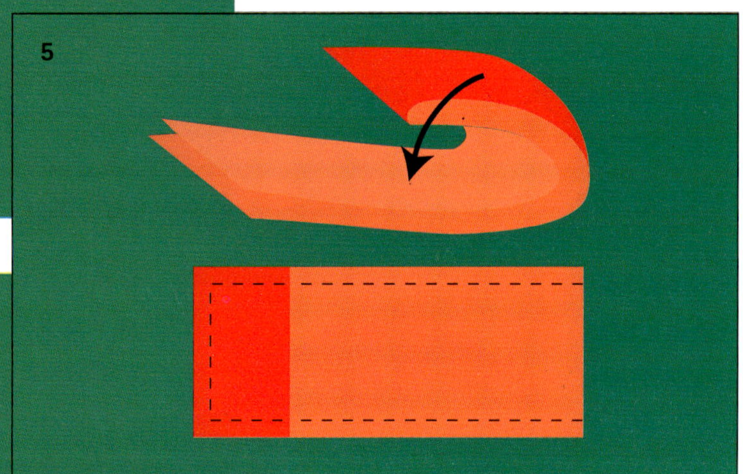

Nähen Sie die Tasche an drei Seiten zusammen.

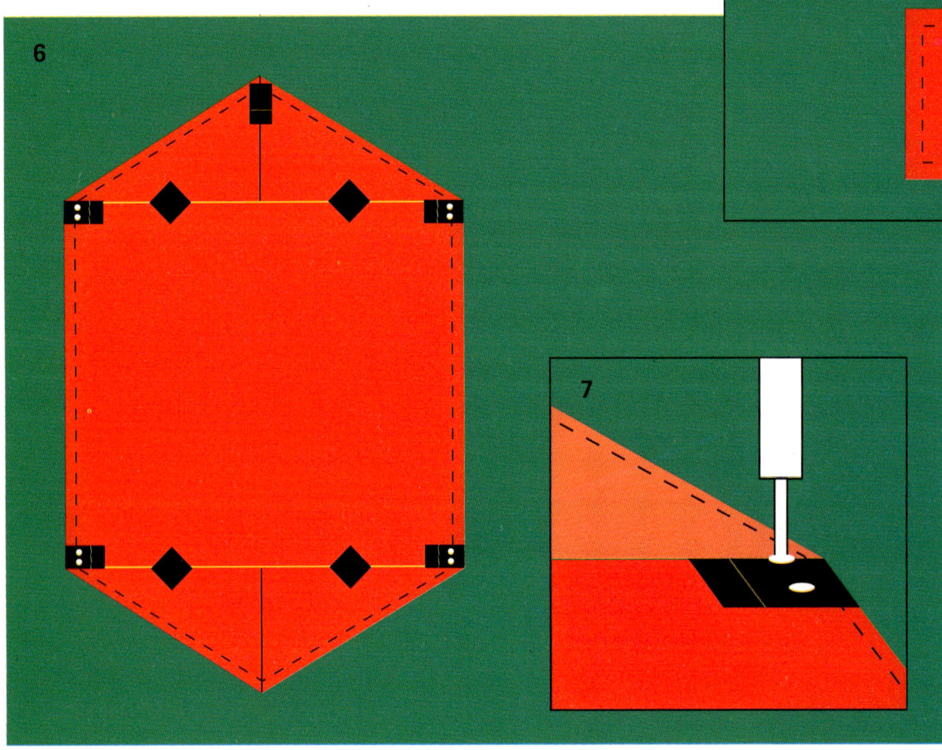

6 Nähen Sie auf der Rückseite an jede Ecke, außer an der einen in der Mitte unten, eine Tasche. Das geschlossene Ende jeder Tasche sollte am Rand des Segels liegen und das offene Ende nach innen zur Mitte hin weisen. Die Öffnung der Tasche an der Spitze steht senkrecht nach unten.

7 Brennen Sie mit dem Lötkolben in die vier seitlichen Ecktaschen jeweils zwei Löcher.

8 Schneiden Sie einen weiteren Streifen vom Dacronband ab, aber diesmal 5 cm lang und nähen Sie ihn auf die untere Ecke des Drachens, ebenfalls auf der Rückseite (d. h. auf die gleiche Seite wie alle anderen Taschen). Brennen Sie hier ebenfalls zwei Löcher hinein, wie in Schritt 7.

9 Schneiden Sie von der Flugleine zwei Stücke von jeweils 130 cm Länge ab. Führen Sie ein Ende von hinten durch beide Löcher in einem der oberen Seitentaschen und verknoten Sie es. Das überstehende Ende sollte dabei auf der Rückseite des Segels liegen. Ziehen Sie das andere Ende durch einen Bogenspanner und durch die beiden Löcher der gegenüberliegenden Tasche und wieder zurück zum Bogenspanner.

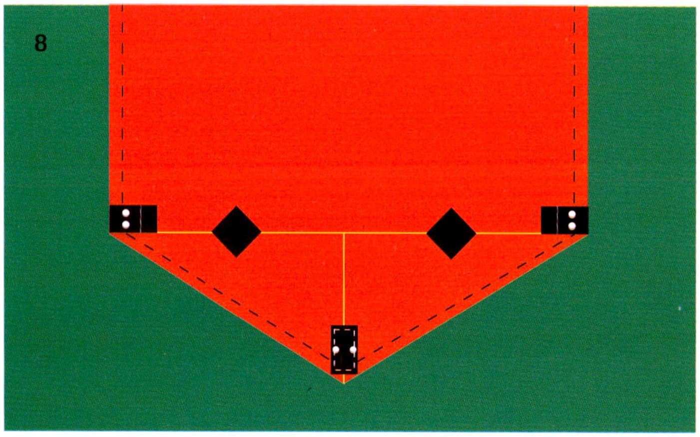

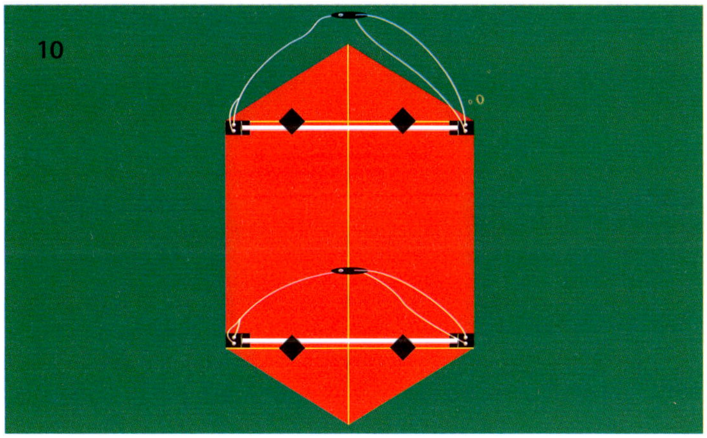

Wiederholen Sie diese Schritte mit dem zweiten Stück an den beiden unteren Taschen.

10 Stecken Sie die beiden 90 cm langen Stäbe in die oberen und unteren Taschen. Da eine der Aufgaben der Stäbe das Spannen des Segels ist, sollten sie zunächst etwas länger sein. Sie sind dadurch auch in der Lage die Stäbe exakt anzupassen, bis Sie perfekt sitzen. Sobald die kurzen Stäbe an ihrem Platz sind, ist es nicht mehr nötig, Sie wieder zu entfernen.

11 Stecken Sie ein Ende des langen Stabes in die Tasche an der Spitze des Segels. Die beiden Bogensehnen sollten dabei frei bleiben, um die kurzen Stäbe biegen zu können. Bringen Sie am anderen Ende des langen Stabs die 6 mm Pfeilnocke an.

12 Schneiden Sie 10 cm der Leine ab, ziehen Sie diese durch beide Löcher am unteren Ende des Drachens und verknoten Sie sie, um eine Schlinge zu bekommen. Haken Sie die Pfeilnocke in diese Schlaufe ein und ziehen Sie den Knoten fest, um die größtmögliche Spannung im Segel zu erreichen. Nachdem der Drachen ein paarmal geflogen wurde, kann es sein, daß die Spannung nachreguliert werden muß.

Vorderseite

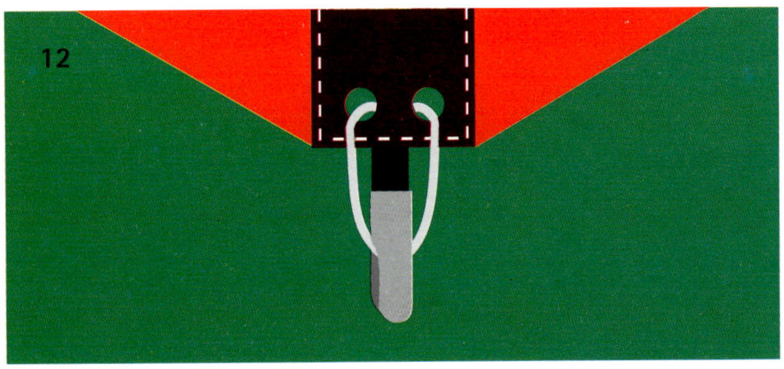

Rückseite

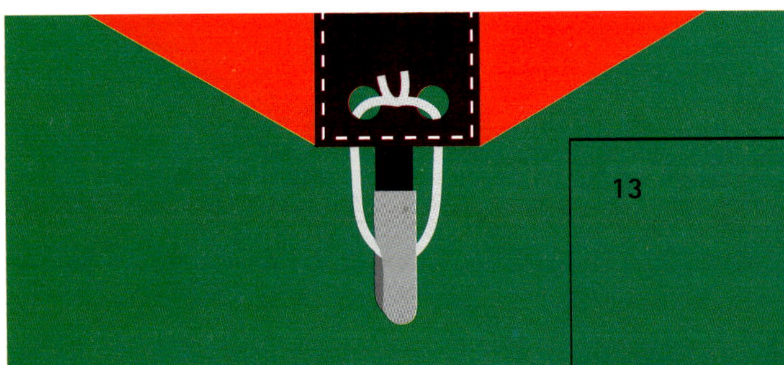

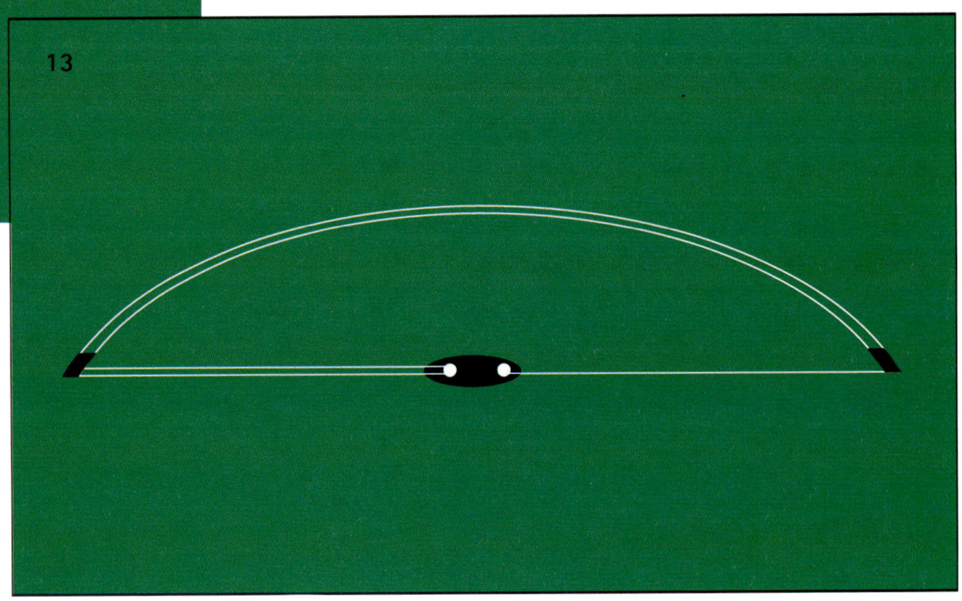

13 Verschieben Sie die Seilspanner entlang der Bogensehne bis der Stab soweit gekrümmt ist, daß zwischen Sehne und Stab ein Abstand von 9 cm besteht. Die Position des Seilspanners kann an der Sehne zum leichteren Wiederfinden markiert werden.

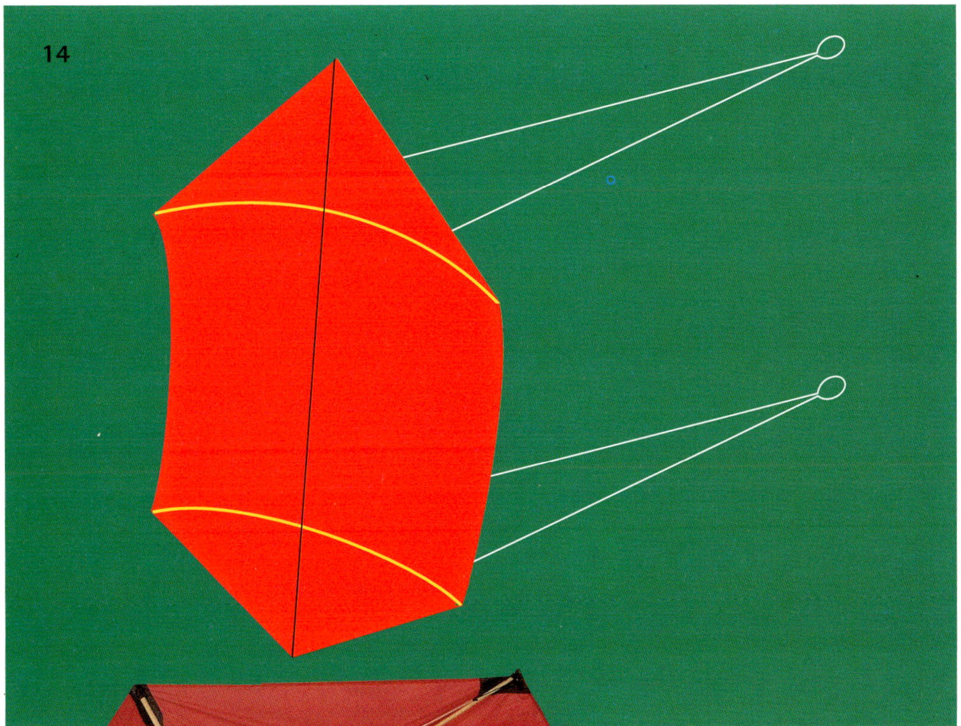

14 Schneiden Sie zwei Stücke mit jeweils 2,6 m von der Leine ab, fädeln Sie jedes Ende von vorne durch eines der oberen Löcher und verknoten Sie es mit dem Stab auf der Rückseite. Bringen Sie die andere Leine auf die gleiche Weise am unteren Querstab an. Finden Sie die Mitte jeder Leine heraus und knüpfen Sie dort eine kleine Schlaufe.

15 Schneiden Sie 40 cm von der Leine ab und binden Sie jedes Ende an die gerade geknoteten Schlaufen. Befestigen Sie den O-Ring mittels eines Überwurfknotens nach dem oberen Drittel der Leine.

Alles was Sie jetzt noch erledigen müssen, ist die Leine am O-Ring zu befestigen und einen weiten, offenen Platz zu finden, um Ihren japanischen Kampf-Rokkaku steigenzulassen.

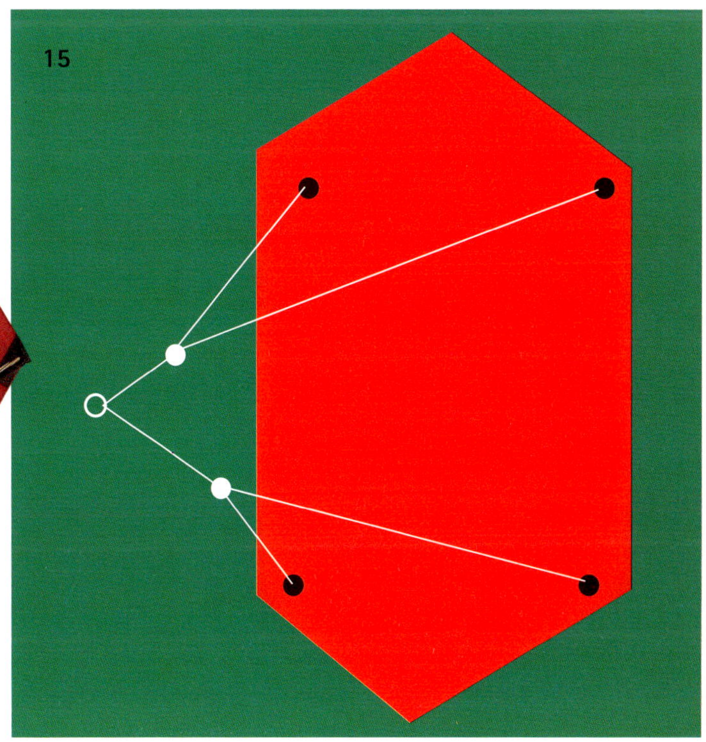

★★★★

Der kleine Swept-Wing-Sportdrachen

Dieser kleine Sportdrachen ist für 4 mm Kohlefaserstäbe ausgelegt und spiegelt Konstruktionsmethoden großer Sportdrachen wieder, die eine Spannweite von bis 2,4 m besitzen können. Der Zusammenbau gliedert sich in drei Abschnitte: Herstellung des Segels, Zusammensetzen des Drachens und Testflüge, um die korrekte Einstellung der Waage herauszufinden.

SIE BENÖTIGEN:

1 m Ripstop-Nylon mit einer Stärke von 40-60 g/m^2

3 Kohlefaserstäbe, 1,66 m lang, 4 mm stark

vier 4 mm Verbinder für die Frontstäbe

einen 4 mm T-Verbinder

acht 4 mm Endkappen aus Vinyl

zwei 2 mm Segelhalter

zwei 2 mm Stabhalter

2 m Dacronband, 5 cm breit

50 cm Dacron-Band, 2,5 cm breit

einen Kohlefaserstab mit 2 mm Durchmesser, 40 cm lang

4,5 m geflochtene Flugleine mit einer Reißfestigkeit von 36 kg

zwei Aluminiumringe, Durchmesser 12 mm

Röhrchen aus klarem PVC; 2 cm lang, 4 mm dick

Lötkolben

Filzstift

Maßband

Schere

1 Das Segel wird aus zwei Stücken Ripstop-Nylon, die in der Mitte zusammengenäht werden hergestellt – der Materialverbrauch wird so auf ein Minimum reduziert. Zeichnen Sie die Umrisse beider Hälften auf dem Stoff an, vergessen Sie dabei den Punkt in der Mitte nicht, und überprüfen Sie noch einmal alle Maße. Wenn alles stimmt, können Sie die Teile ausschneiden. An den Vorderkanten ist ein Überstand von 1,5 cm erlaubt. Falten Sie diesen nach innen und vernähen Sie ihn. Verbinden Sie die beiden Hälften an der Mittellinie mittels eines Rollsaums (siehe Schritt 3 auf Seite 105.)

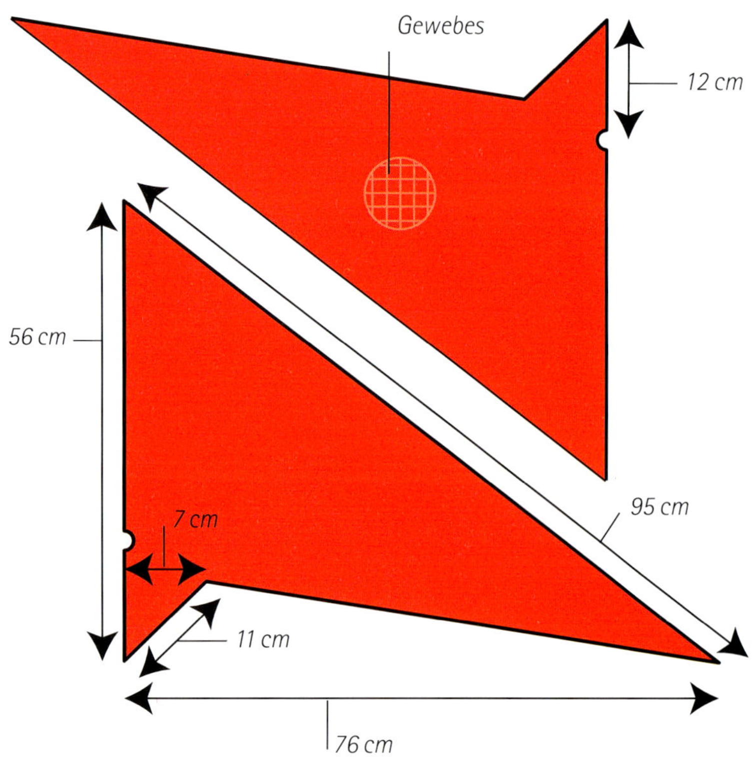

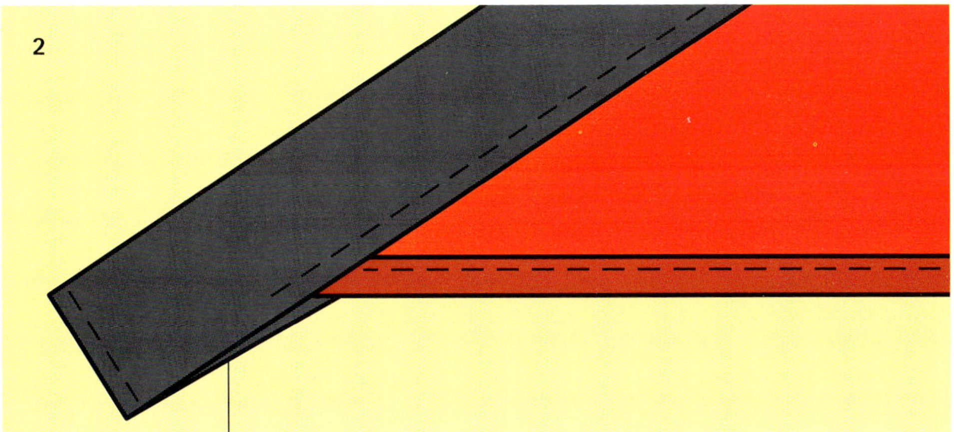

2 Verwenden Sie für die Vorderkante das 5 cm breite Dacronband. Es wird der Länge nach um das Segel gelegt und vernäht. So entsteht gleichzeitig eine Tasche für die Stäbe. Beginnen Sie dabei am Flügelende und arbeiten Sie auf die Spitze zu. Lassen Sie am Flügelende eine kleine Lücke, um dort später den Stab einzuführen.

3 Schneiden Sie an der Spitze die oberen 12 mm ab, um ein flaches Ende zu erhalten. Nähen Sie auf der Rückseite des Segels eine Tasche aus dem 2,5 cm breiten Dacronband auf, so daß die offene Seite senkrecht nach unten weist. Richten Sie sich dabei nach der Anleitung auf Seite 106, Schritt 5. Nähen Sie die Tasche so an die Segelspitze, daß die Öffnung senkrecht nach unten weist. Falten Sie ein Band von 5 cm Breite zur Hälfte über diese Tasche und über die Enden der Vorderkantenbänder. Vernähen Sie das Band an den Seiten, aber nicht am unteren Rand, damit die Stabtasche offen bleibt.

4 Nähen Sie auf das Mittelloch einen Flicken von 5 cm Kantenlänge. Mit dem Lötkolben können Sie dann das Loch schmelzen.

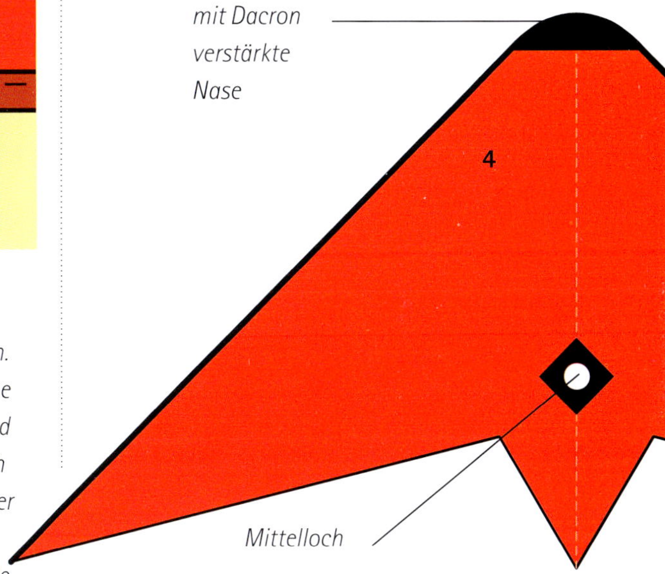

5 Fertigen Sie aus einem 2,5 cm breiten Dacronband eine Tasche und nähen Sie diese auf der Rückseite des Drachens an das untere Ende der Mittellinie.

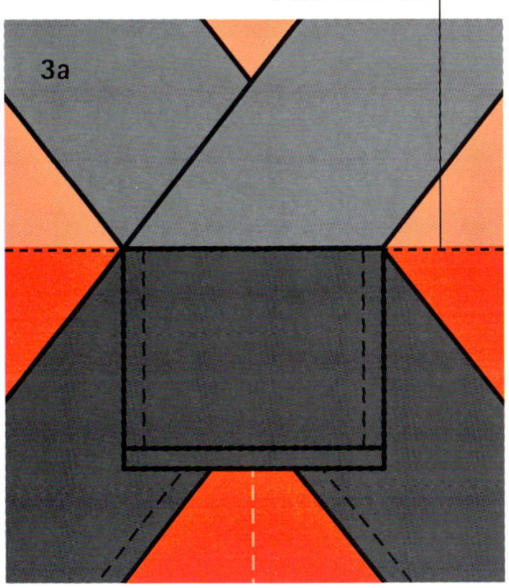

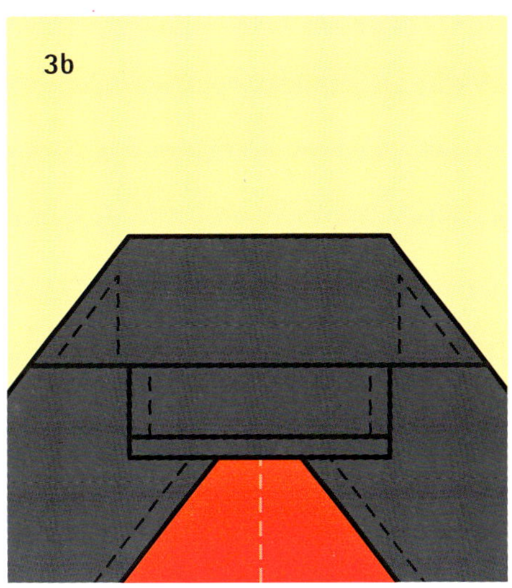

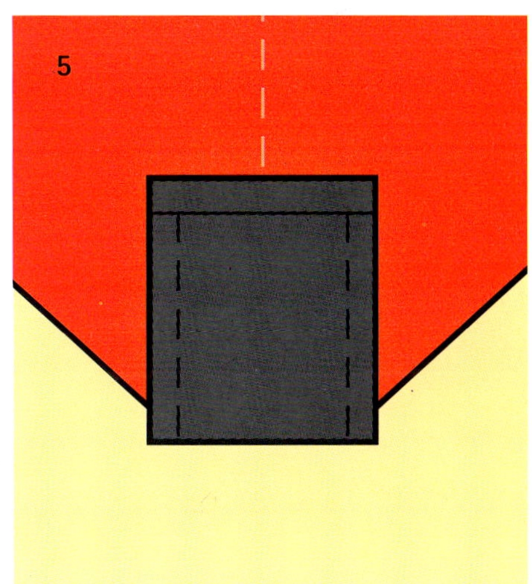

6 Nähen Sie die Verstärkungen der Abstandshalter auf. Verwenden Sie dazu 3 cm des 2,5 cm breiten Dacronbandes, das Sie in der Mitte falten. Brennen Sie in jedes mit dem Lötkolben ein kleines Loch in die Mitte.

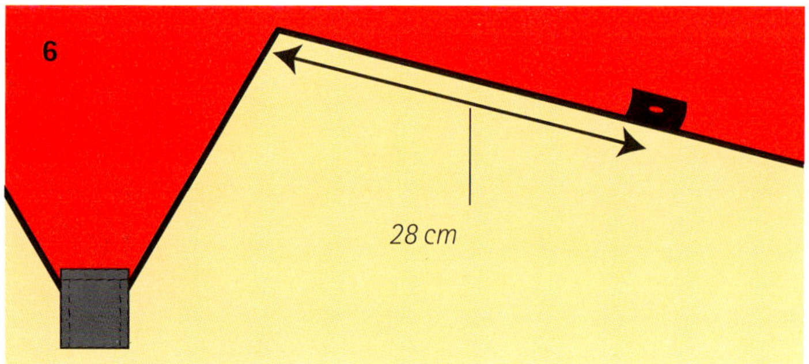

7 Markieren und schneiden Sie in die Vorderkanten die Löcher für die Querstabverbinder. Damit ist das Segel fertig. Falten Sie das Segel als letzte Kontrolle entlang der Längsachse zusammen. Beide Hälften sollten jetzt übereinanderliegen und einigermaßen symmetrisch sein.

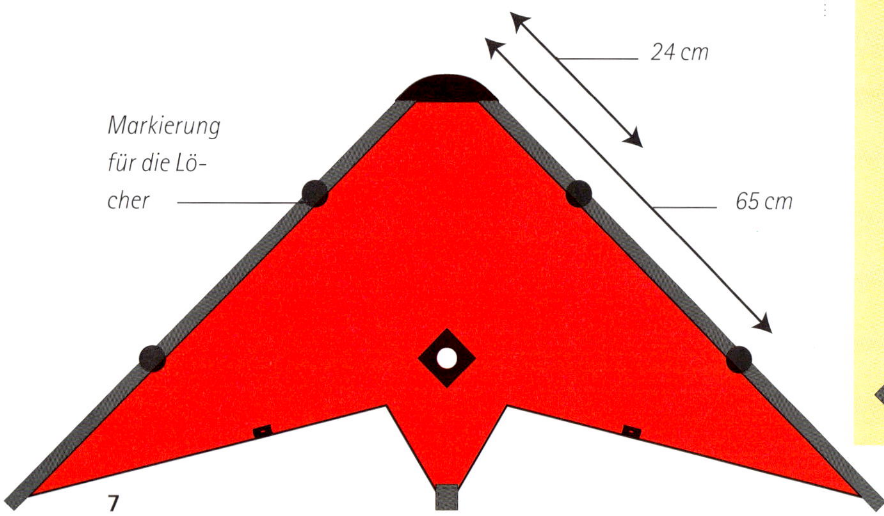

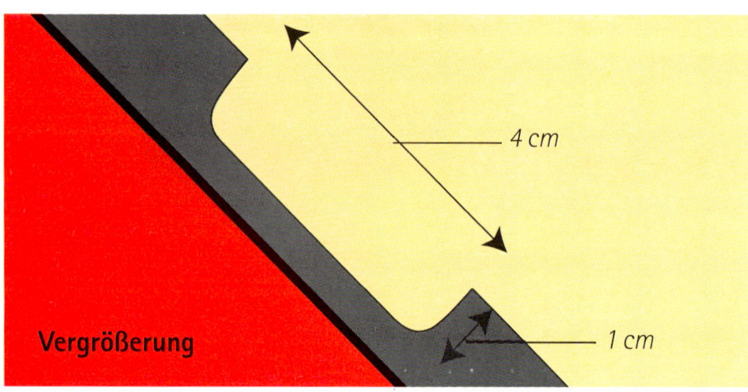

8 Mit Hilfe des Segels können Sie den Längsstab zurechtsägen. Er sollte straff sitzen, da sich das Segel später im Flug noch dehnen wird. Passen Sie zuerst die längsten Stäbe an und setzen Sie den Längsstab zusammen. Stecken Sie die Endkappen und den T-Verbinder auf und schieben Sie den Längsstab in die Taschen auf der Rückseite des Drachens.

9 Schieben Sie den T-Verbinder durch das Mittelloch. Passen Sie die Stäbe für die Vorderkanten an, benutzen Sie dabei den Drachen auch wieder als Maßstab, um die Länge zu bestimmen. Bauen Sie die Stäbe zusammen: jeder Stab besitzt zwei Endkappen und Verbinder, die an die richtigen Stellen geschoben werden müssen.

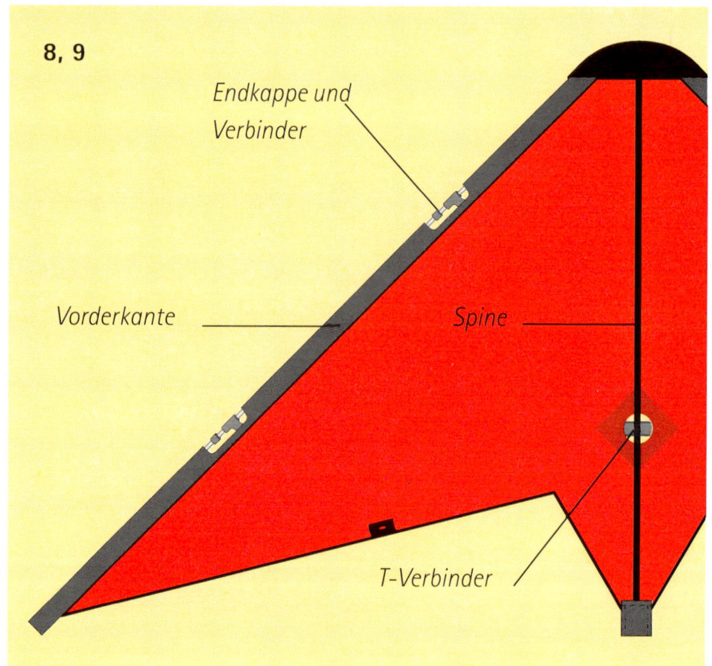

10 Kürzen Sie die unteren Querstäbe auf die richtige Länge von 50 cm und passen Sie sie ein. Kürzen Sie dann die Segelspanner auf ca. 14 cm, das Segel sollte jedenfalls straff gespannt stein. Stecken Sie die Segel- und Stabhalter auf. Passen Sie den oberen Querstab (ca. 36 cm lang) ein.

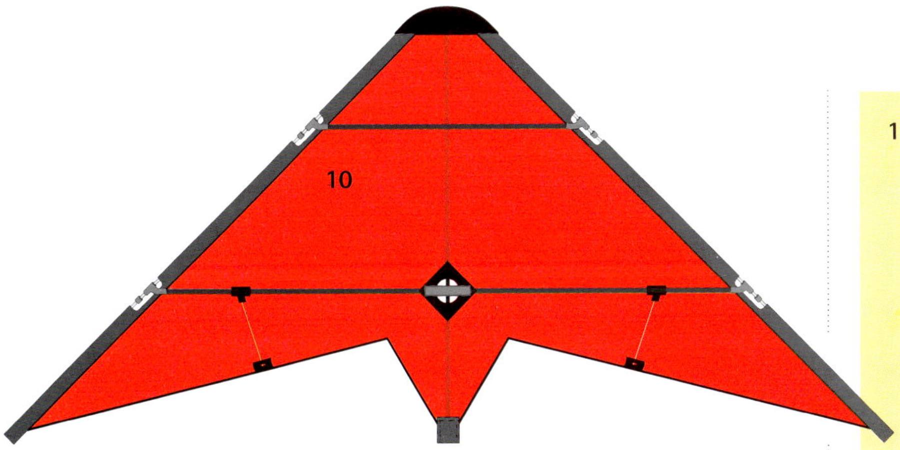

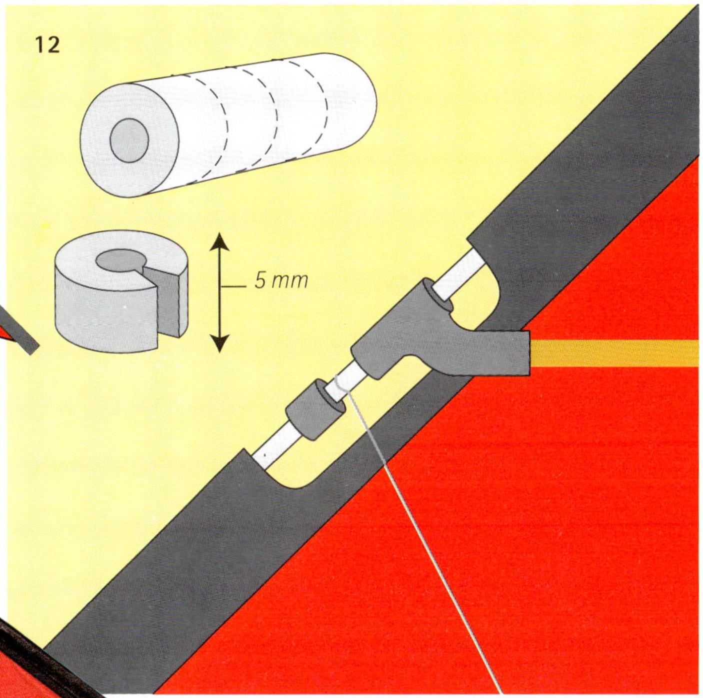

1 1 Um eine dreischenklige, justierbare Waage zu erhalten, benötigen Sie zwei Leinen mit einer Länge von je 37 cm und zwei mit einer Länge von je 62 cm. Knoten Sie zuerst ein Ende der längeren Leine direkt unterhalb des oberen Verbinders an einen Vorderkantenstab, das andere Ende direkt unterhalb des T-Verbinders an den Längsstab. Befestigen Sie etwa in der Mitte der Leine mittels eines Überwurfknotens einen Waagring, so daß dieser durch Lockern des Knotens verschoben werden kann. Knoten Sie ein Ende der kürzeren Leine an den Längsstab, direkt unterhalb des unteren Verbinders und das andere an den Waagring (siehe Abbildung 11). Verfahren Sie genauso auf der anderen Seite.

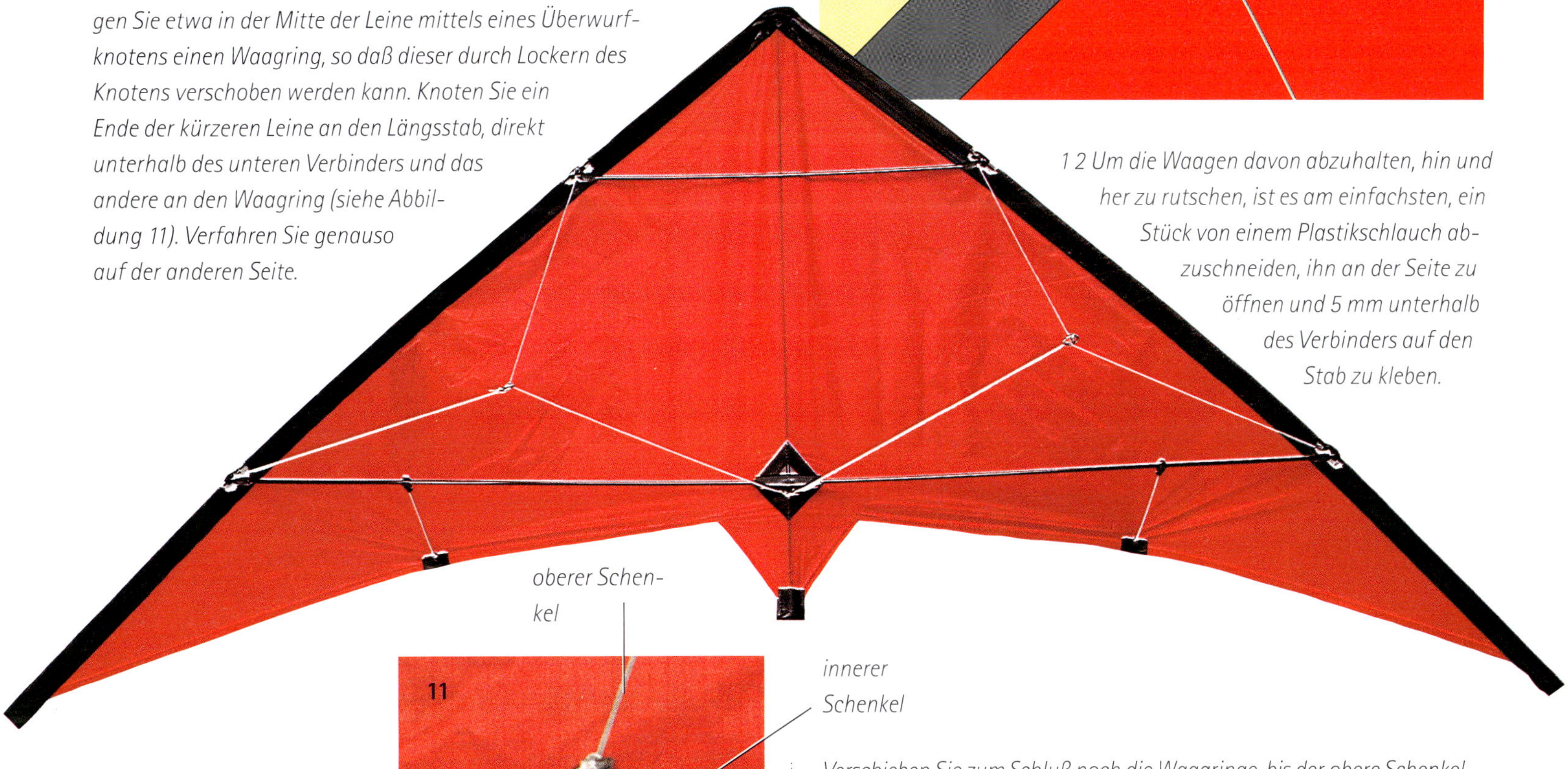

1 2 Um die Waagen davon abzuhalten, hin und her zu rutschen, ist es am einfachsten, ein Stück von einem Plastikschlauch abzuschneiden, ihn an der Seite zu öffnen und 5 mm unterhalb des Verbinders auf den Stab zu kleben.

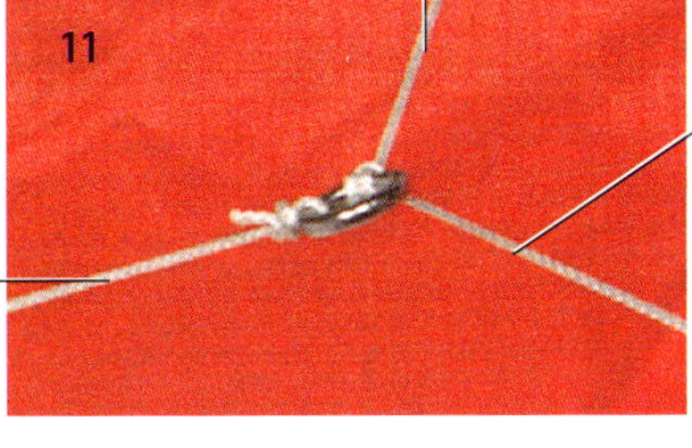

oberer Schenkel

innerer Schenkel

äußerer Schenkel

Verschieben Sie zum Schluß noch die Waagringe, bis der obere Schenkel der Waage 24,5 cm lang ist. Diese Position sollte, entsprechend der Windstärke nachreguliert werden. Die beiden oberen Schenkel müssen aber gleich lang sein, da der Drachen sonst aus dem Gleichgewicht gerät.

★★★★★

Der Softstunter

Viele Softstunter sind grundsätzlich schwierig zu bauen, was hauptsächlich an der Vielzahl der Waagleinen liegt, die einzeln eingestellt werden müssen, damit der Drachen überhaupt fliegt. Dieser Entwurf vermeidet jedoch die Einstellungsarbeiten, indem eine Kombination aus gebogenen Feldern und schmalen Kielen verwendet wird, die den Anstellwinkel automatisch einstellen. Wenn Sie ihn einmal zusammengenäht haben, ist er einfach zum Fliegen zu bringen. Die Konstruktion ist jedoch etwas kompliziert, so daß Sie schon etwas Erfahrung an der Nähmaschinen mitbringen sollten.

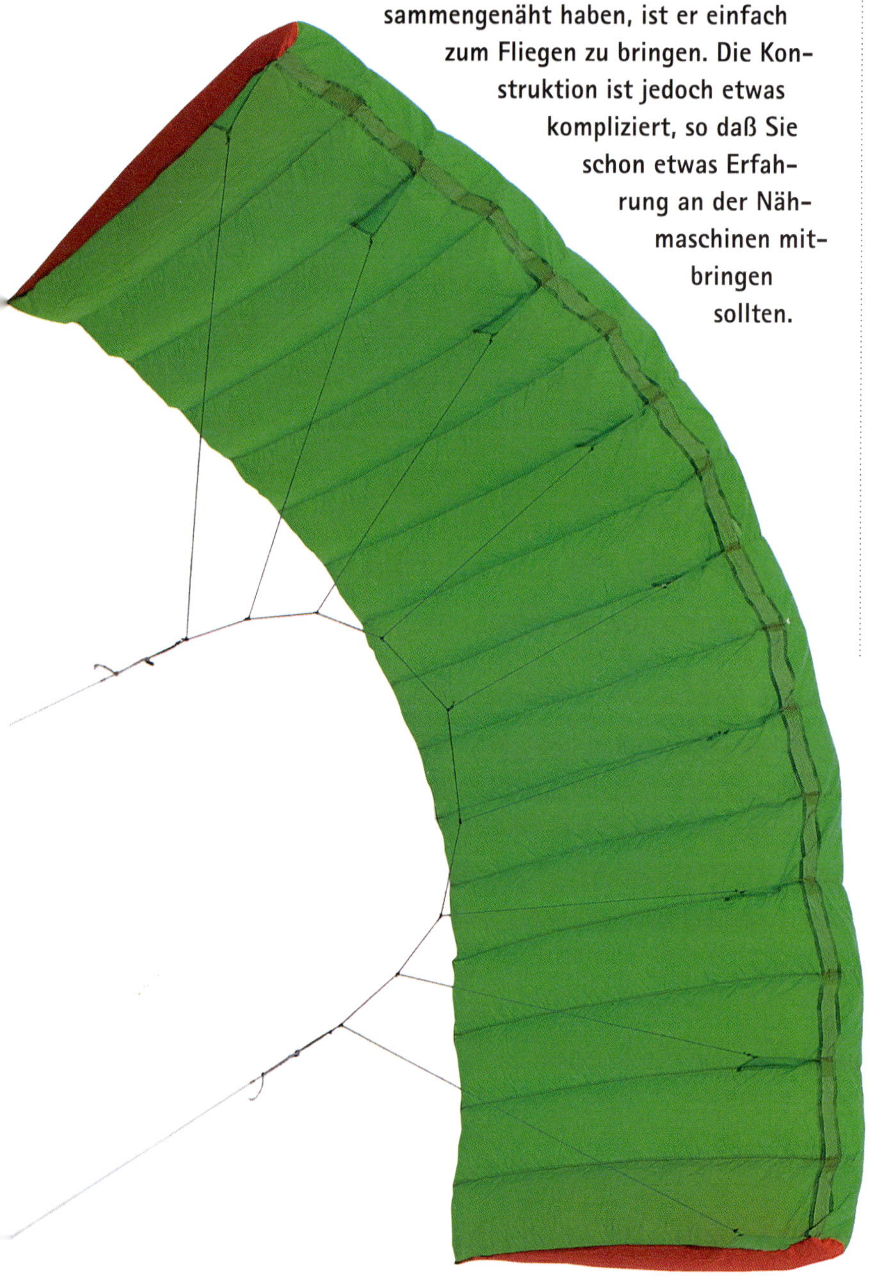

Sie benötigen:

große Papier- oder Kartonbögen (für die Schablonen)

6 m Ripstop-Nylon

15 m geflochtene Leine

Polyester-Nähgarn

scharfe Schere

Maßband

Filzstift

1 Fertigen Sie zuerst die Schablonen für die dreieckigen Kiele und die Flügelrippen aus Karton oder steifem Papier. Die Größe sollte dabei exakt den gezeigten Maßen entsprechen. Zeichen Sie mit Hilfe der Schablonen und einem Filzstift die Umrisse auf dem Ripstop-Nylon an. Sie benötigen 9 Kiele und 17 Flügelrippen. Schneiden Sie die Umrisse aus.

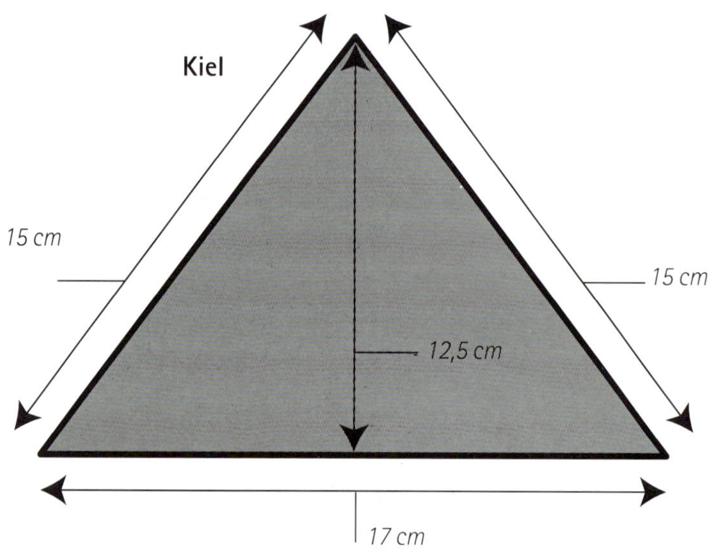

Veranstaltungen

Wenn Zeit und Geld keine Rolle spielten, wäre es leicht möglich an Drachenfestivals teilzunehmen, die überall in der Welt, an nahezu jedem Wochenende veranstaltet werden. Diese zahlreichen Ereignisse sind sowohl von ihrer Größe her, als auch von ihrer Ausrichtung sehr unterschiedlich. Bei einigen handelt es sich um kleinere Treffen lokaler Enthusiasten und andere ziehen Flieger aus allen Herren Ländern an. Drachenfestivals sind ein Forum, auf dem die Anhänger des Drachenfliegens ihre künstlerischen Fähigkeiten als auch ihre Ideen teilen können. Überdies sind es die Flugshows, die die seltsamen und wunderbaren Windspiele feiern. Viele anerkannte Drachen-Festivals bieten Workshops an, in denen sogar ein absoluter Anfänger von erfahrenen Fachmännern lernt wie man Drachen baut und fliegt. Mit ihrer großen Anziehungskraft, die den aktiven Teilnehmer genauso in ihren Bann zieht, wie den passiven Zuschauer finden sich zu manchen Festivals Hunderte bis Tausende von Menschen ein.

Diesen chinesischen Drachen gab es am Washington Tyne and Wear Festival of the Air zu sehen.

Oben: Eine letzte Kontrolle wird an diesem Auto durchgeführt, bevor es beim Castigilioni-Drachenfestival in Italien gestartet wird.

Oben rechts und rechts: Ein Revolution (oben rechts) und eine moderne Version von Bell's Tetraedischen Drachen (rechts) beim internationalen Drachenfestival in Bristol, Großbritannien.

Links: Ein Flexifoil mit einer Spannweite von 1,2 m steigt mit Leichtigkeit, durch die Hand des 2 1/2 Jahre alten Axel Ferraro geführt, in die Höhe.

Unten: Tausende treffen sich an Allerheiligen zum Drachenfestival auf einem Friedhof in Guatemala.

Unten: Flieger beim Ostia Festival in Italien reizen den Wind mit einem Spiel-Segel von George Peters.

Oben: Der Amerikanische Drachenkonstrukteur Joel Schulz demonstriert eine seiner Fischfahnen beim Ostia Drachenfestival.

Oben: Die Drachenfahnen von George Peters erzeugen im Himmel über Scheveningen in Holland die Illusion eines Korallenriffs.

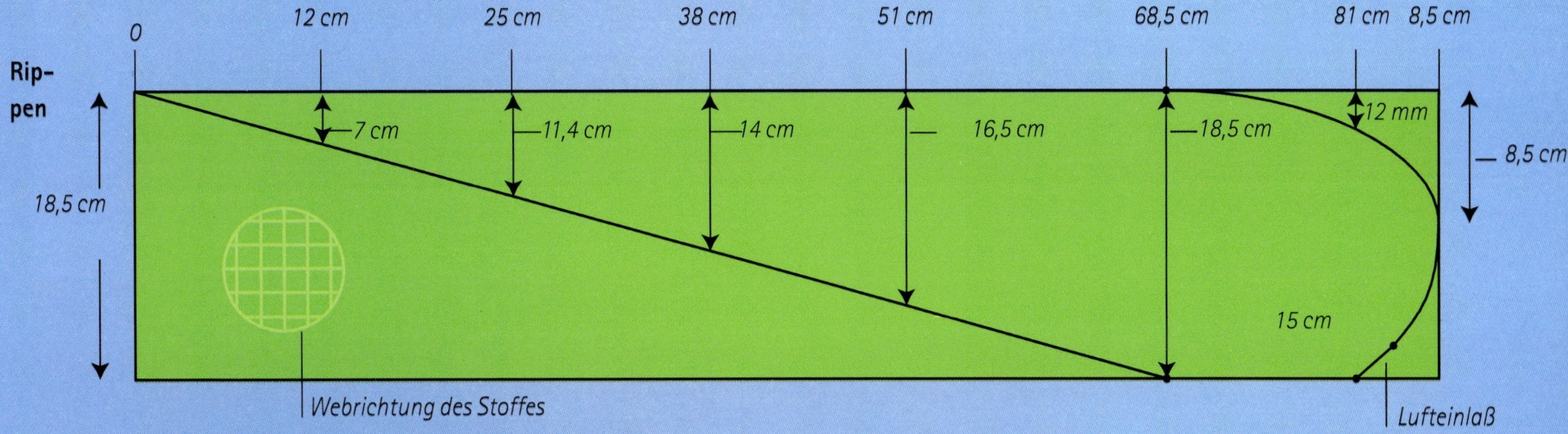

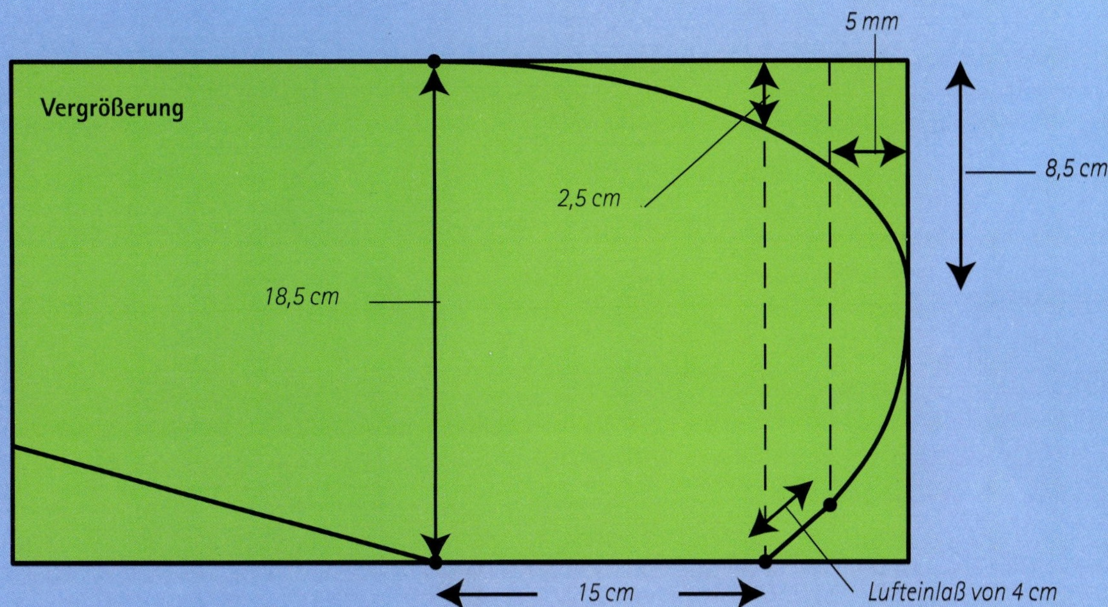

2 Die oberen und unteren Flächen des Segels sind Rechtecke, jedes 243 x 98 cm. Zeichen Sie die Umrisse an und schneiden Sie die zwei Rechtecke aus. Die gepunkteten Linien geben an, wo die Flügelrippen in einem Abstand von 15 cm aufgenäht werden. Markieren Sie sich diese Linien als Hilfe zum späteren Anbringen der Flügelrippen.

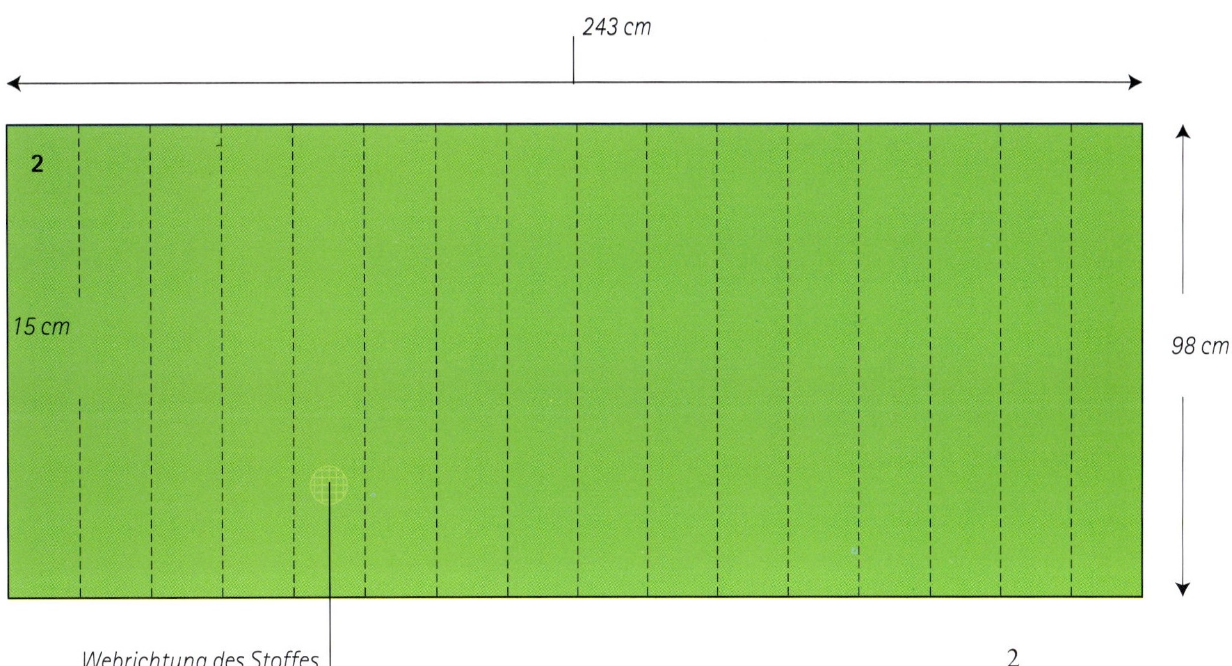

2

3 Jeder Kiel muß an seiner Spitze noch mit einer Schlaufe aus Ripstop-Nylon ausgestattet werden. Schneiden Sie sich dazu acht Rechtecke mit einer Größe von 5 x 4 cm zurecht. Falten Sie an beiden Seiten zweimal jeweils 5 mm nach innen und vernähen Sie die Kanten. Verfahren Sie ebenso mit den beiden schrägen Kanten der Dreiecke. Legen Sie eine Schlaufe über die Spitze eines Dreiecks und vernähen Sie die Enden gründlich.

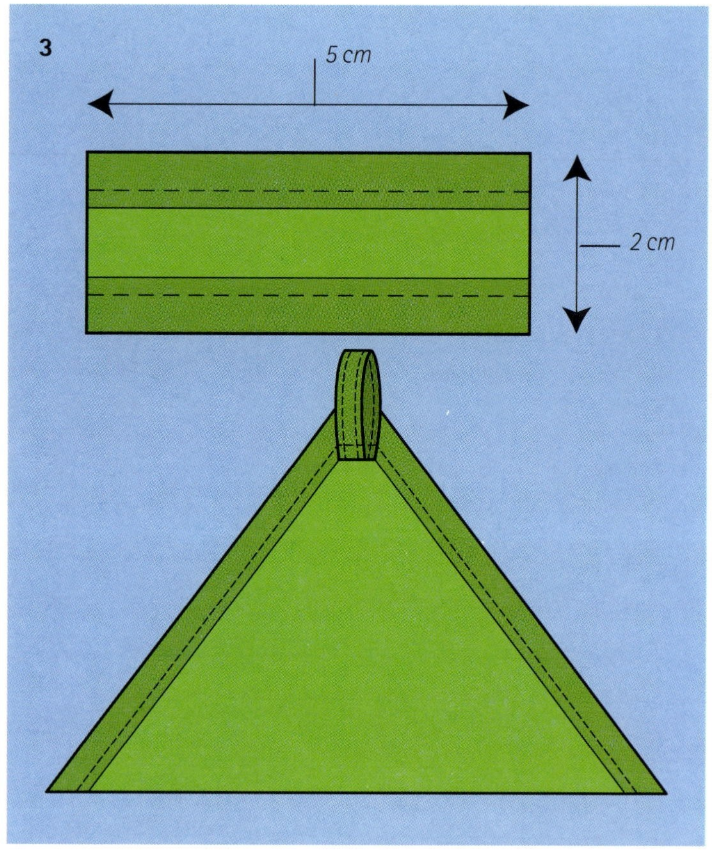

4 Umsäumen Sie auf die gleiche Weise die Kanten der Lufteintrittsöffnung jeder Rippe (siehe Abbildung).

5 Auch die Vorderkanten der unteren und oberen Segelfläche werden durch zweimaliges Umschlagen von 5 mm gesäumt.

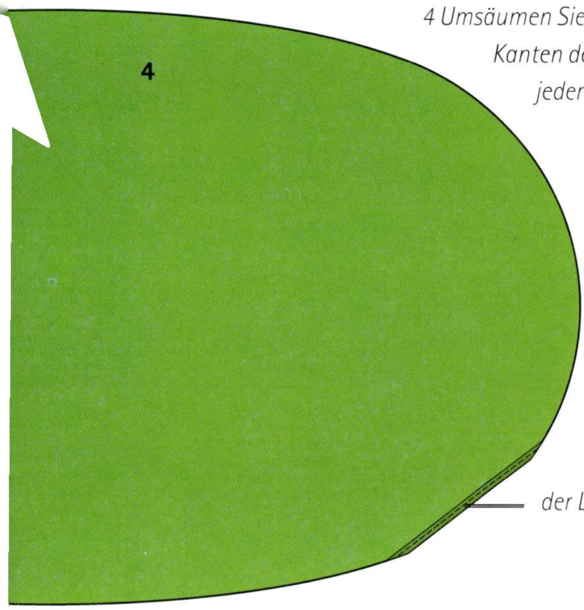

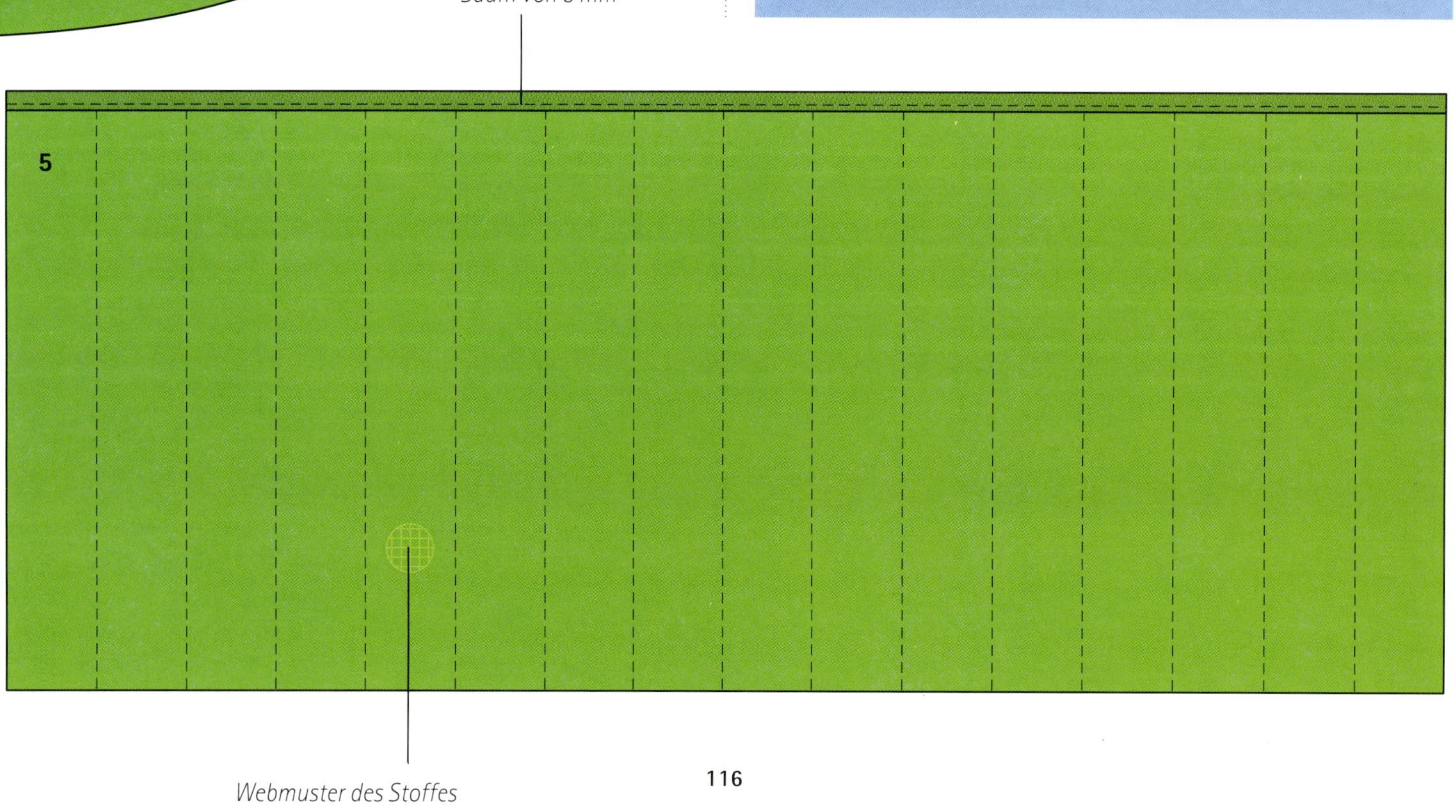

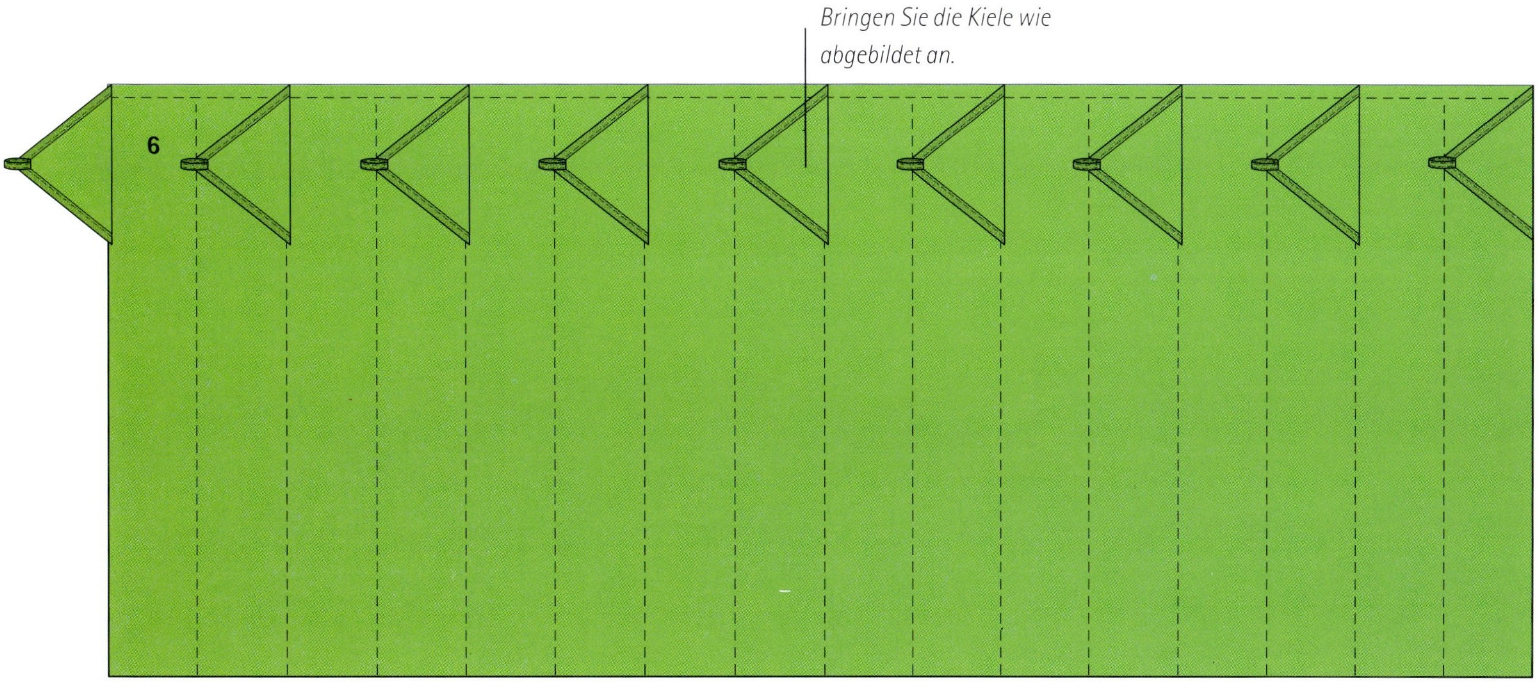

6 Lassen Sie an den Kielen einen Saum von 1 cm Breite und richten Sie diesen an den Markierungslinien aus. Nähen Sie die Kiele fest.

7 Wenden Sie die Fläche und nähen Sie den Saum der Rippen ebenfalls an den vorher markierten Hilfslinien fest. Achten Sie darauf, keine anderen Teile der Kiele mit anzunähen, da die Rippen genau über den Kielen festgenäht werden.

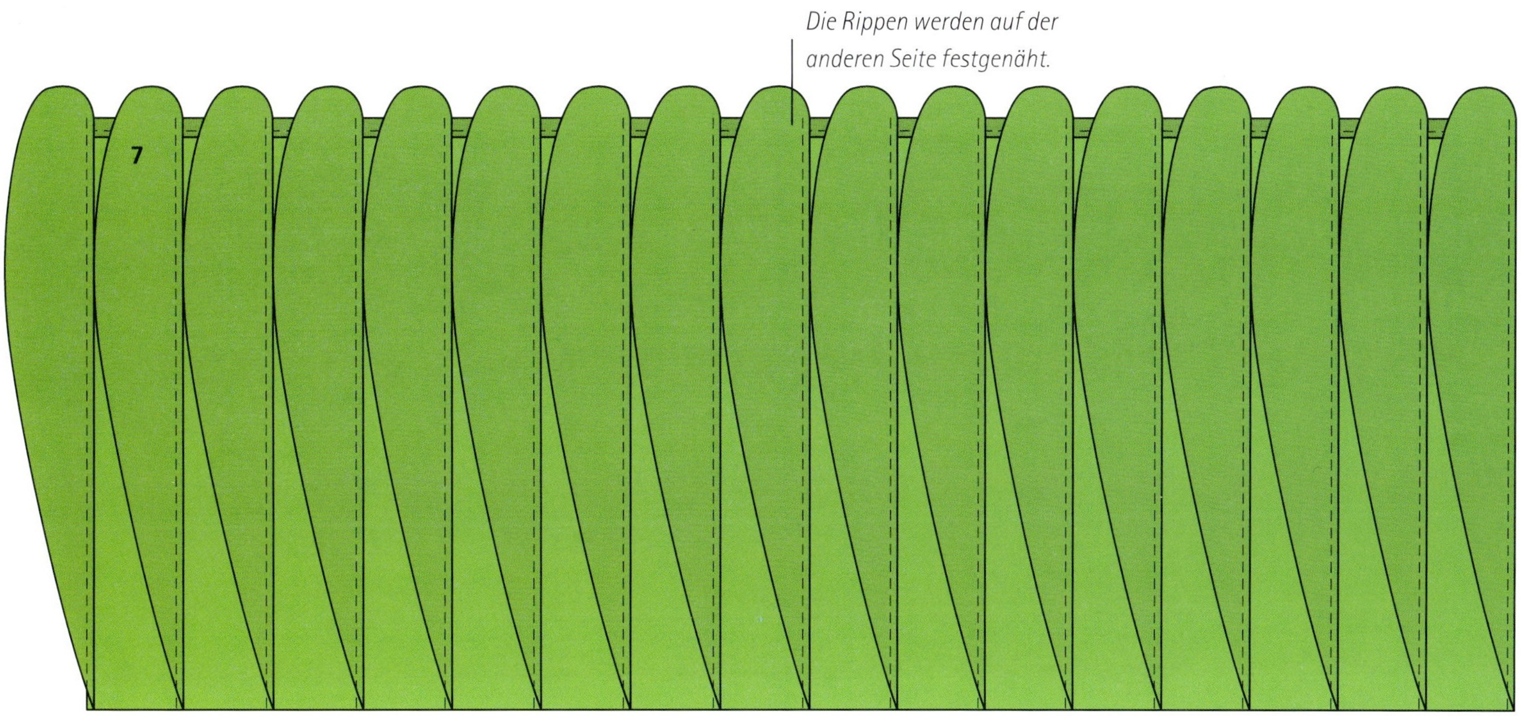

8 Jetzt ist es soweit, den halb fertiggestellten unteren Teil auf die obere Segelfläche zu nähen. Der Trick dabei ist, mit der gesamten oberen Segelfläche unter dem Arm der Nähmaschine (rechts der Nadel) zu beginnen und sich über die ganze Breite zu arbeiten. Um die letzte Rippe zu vernähen, sollten Sie das Segel aufrollen und die beiden offen Enden umschlagen. Vernähen Sie jetzt die Rippe mit der oberen Segelfläche und ziehen Sie das Segel an der hinteren Kante wieder heraus.

9 Es kann sein, daß die beiden Abschlußkanten nicht direkt übereinanderliegen. Nähen Sie sie trotzdem zusammen, lassen Sie dabei an der kürzeren Seite einen Rand von 1 cm. Schneiden Sie die längere Seite in einem Abstand von 1 cm von der anderen Kante ab. Schlagen Sie diesen Saum um das Ende der kürzeren Seite und falten Sie diese Kante nochmals nach innen, so daß Sie einen Rollsaum erhalten. Vernähen Sie den Saum.

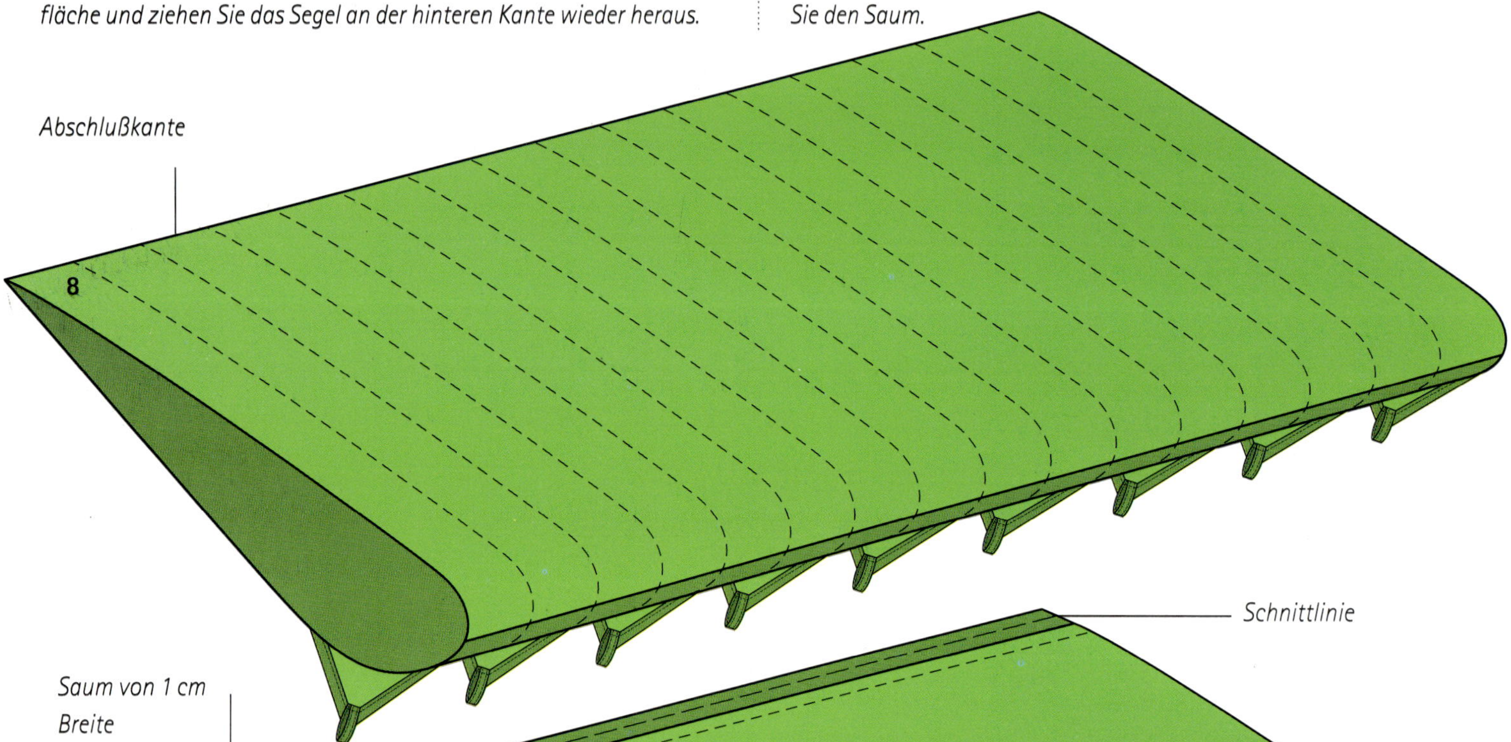

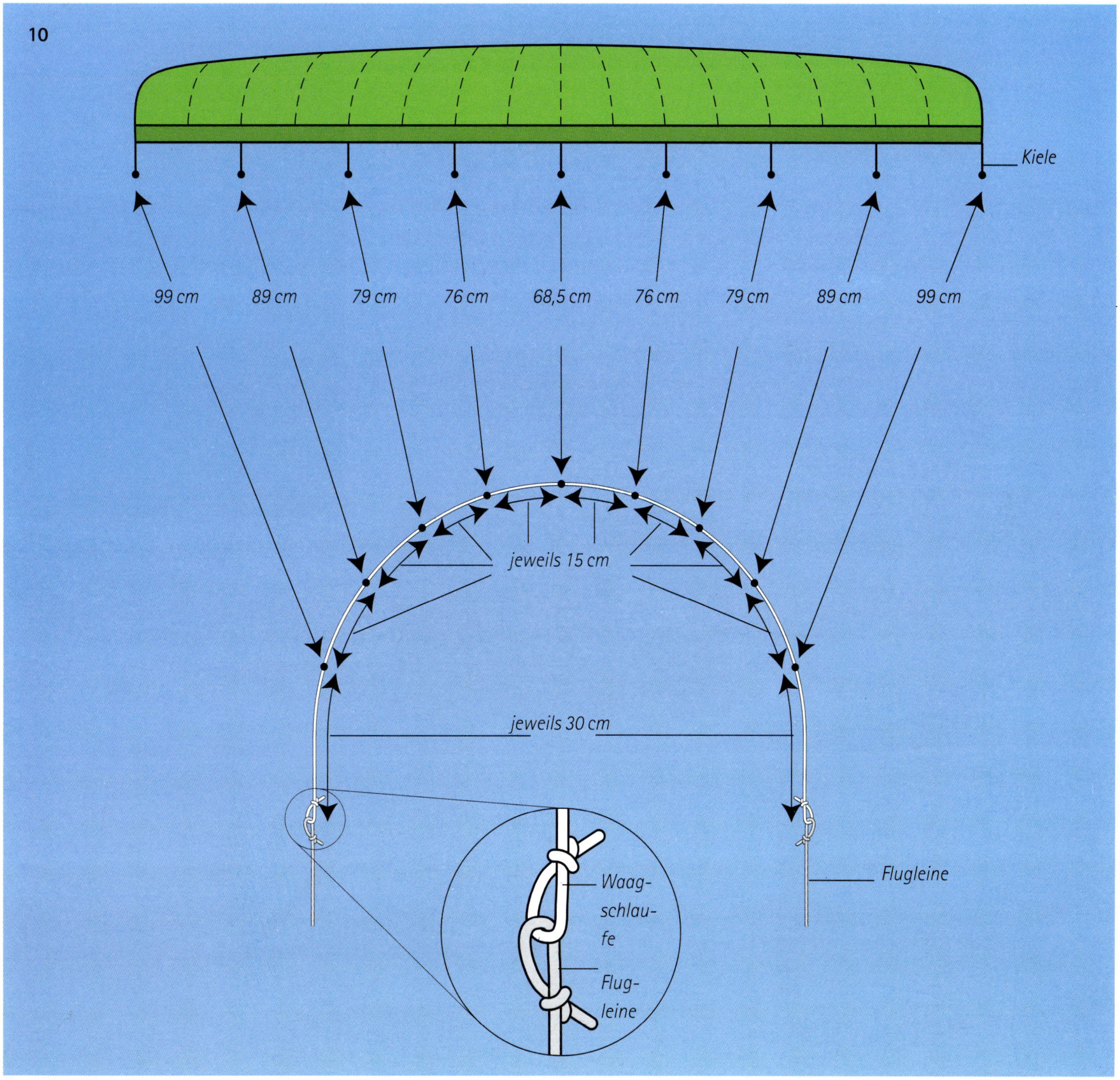

10 Jetzt können Sie aus der Leine die Waage anfertigen. Versuchen Sie die Maßangaben innerhalb einer Abweichung von 1 cm zu halten, um die besten Ergebnisse zu erzielen. Schneiden Sie 2,1 m für den Waagbogen ab. Legen Sie diese zusammen und markieren Sie die Mitte mit einer Schlaufe von 1 cm. Bringen Sie in einem Abstand von jeweils 15 cm auf beiden Seiten der Schlaufe vier einfache Knoten an. Knoten Sie zum Schluß an jedes Ende des Bogens eine Schlinge. Schneiden Sie jetzt entsprechend der angegebenen Maße die einzelnen Waagleinen ab. Knoten Sie jeweils ein Ende an die Kiele und das andere Ende unterhalb des entsprechenden Knotens an den Waagbogen. Die mittlere Leine wird an die Schlaufe in der Bogenmitte gebunden.

11 Nun können Sie den Drachen nach draußen bringen und steigenlassen. Er stellt sich von selbst ein und erfordert kein zusätzliches Trimmen.

Nützliche Adressen

Internationale Drachenzeitschriften

DRACHENmagazin
Brahmsallee 8
20144 Hamburg 13

SPORT & DESIGN
drachen
Fremersbergstr. 1
76530 Baden-Baden

drachenflieger gleitschirm magazin
Ringier Verlag GmbH
Gustav-Heinemann-Ring 212
81739 München 83

KITE LINES (in englischer Sprache)
Aeolus Press, Inc.
P.O. Box 466
Randallstown, MD 21133-0466
U.S.A.

AMERICAN KITE (in englischer Sprache)
480 Clementina Street
San Francisco, CA 94103
U.S.A.

VLIEGER (in niederländischer Sprache)
Postbus 53505
2505 AM Den Haag
Netherlands

Internationale Club-Adressen

Deutschland:
DCD - Drachen-Club
Deutschland e.V.
Postfach 350127
40443 Düsseldorf
Fax: 0211/780978
Zeitschrift HOCH HINAUS

DCB - Drachenclub Berlin
„Aero-Flott" e.V.
Hans Soyka
Lindenstr. 18
12207 Berlin 45
Tel. & Fax: 030/7122600
Zeitschrift FANG DEN WIND

DCB Drachenclub Berlin
Brunsbütteler Damm 334b
13591 Berlin 20

Internationaler Parawingclub
Peter Wuttke
Jurastr. 7
70565 Stuttgart 80

Drachenclub Schwäbisch Gmünd
Franz Arz
Ahornweg 4
73557 Mutlangen

Österreich:
Fly High
1. Wiener Drachenbau- und Flugverein
Argentinierstr. 16
1040 Wien
Austria

Schweiz:
Drachenclub Regio Basel
Postfach 19
4123 Allschwil
Schweiz

Drachenfreunde Aarau
c/o Hanspeter Arm
Untere Torfeldstr. 10
5033 Buchs
Schweiz

Drachenclub St. Gallen
Postfach 116
9030 Abtwil/St. Gallen
Schweiz

Drachenclub Wehntal
Postfach 19
8165 Schöfflisdorf ZH
Schweiz

Drachenclub Engadina
c/o Silvia Fässler
Chesetta
7513 Silvaplana
Schweiz

S.T.A.C.K. Direktor Switzerland
Ruedi Weisskopf
Klünenfeldstr. 13
4127 Birsfelden
Schweiz

etc ...
112 Aarbergstrasse
2501 Biel/Bienne
Schweiz

Frankreich:
Cerf - Volant Club de France CVCF
B.P. 186
75623 Paris Ledex 13
France

Adults only / Sky's The Limit
11 rue des Romains
67200 Strasbourg
France

Italien:
Associazione Italiana
Aquilonisti -AIA
Via Dandolo 19
00153 Roma
Italia

Dänemark:
Dansk Drage Klub
Joern Egholm Jensen
Kastanieallee 29. I th
6270 Toendder
Denmark

Großbritannien:
Kite Society of Great Britain
31, Grange Road
Illford
Essex IG 1 EU
Great Britain

Niederlande:
Dutch Kite Society
P.O. Box 180
6200 AD Maastrich
Netherlands

Van Amerogen Sportkites Holland
"the Kite Gallery"
Damplein 9
Middelburg 4331 GC
Netherlands

Belgien:
de Nouveau Cervoliste Belge
Mr. Ernest Lernout
Gouden Regen 25
2510 Mortset
Belgium

K.A.P.W.A.
Kite Aerial Photography Assoziation
c/o Michael Dusariez
Avenue Capitgaine Piret 14
1150 Brüssel
Belgium

U.S.A.:
OSOW, One sky – one world
P.O. Box 11149
Denver, CO 80211
U.S.A.

Register

Kursive Seitenzahlen weisen auf Abbildungen hin. Seitenzahlen im Normaldruck geben die jeweiligen Textstellen an.